買英國樓
海外投資免中伏

UK Property Investment

鎊匯低水、按揭息率超低，
令英國樓市蠢蠢欲動！

即將增加海外印花稅，
現在入市最佳時機！

最新公布 5% 首置計劃
政策全剖析

資深英國物業代理 葉謙信 著

地段分析 | 租買問題 | 步驟陷阱 | 投資回報 | 投資案例

目錄

Chapter 03 如何提升投資出租回報？

Chapter 04 房地產開發

Chapter 05 短租管理

Chapter 06 案例分享及常見問題

自序

在 1994 年初，當時還是 9 歲的我跟父母移民英國，並在巴拉福特（Bradford）落腳。幾年後，家人決定搬到當時較多華僑居住的曼徹斯特（Manchester）。想當年，父母鼓起勇氣離開香港，是為了我和兩位哥哥，可以在更佳的學習及成長環境。

大學畢業後，我從事電腦編程工程師。雖然在英國社會工作多年，但由於本身的成長背景，日常生活很多時還是在華人圈子中。我留意到越來越多本地及海外華人對英國物業深感興趣，便意識到這將是個商機，於是便跟拍檔由零開始做起，先由銀主盤入手，之後我們亦投資過不少物業改建工程，陸陸續續儲下一批客戶。

在 2012 年後，我跟生意拍檔陳啟麟（Alan）和鍾肇熙（Franky）一起在曼徹斯特唐人街創立「創城地產」（Genesis）。公司成立超過 7 年，我公司是首間在曼徹斯特唐人街以開放式經營的地產公司，與物業市場一起穩步成長。多年來，團隊累積豐富的樓宇買賣知識及經驗，我們為每個業主提供度身訂造的服務，因為我們重視每位投資者。

創城地產的員工都是在曼徹斯特土生土長，每位成員都對曼城及英國各地的環境有深切的認識，能為每位投資者提供最佳的樓盤買賣知識、租金行情及投資回報。

憑藉多年在曼徹斯特市中心的地產代理經驗，我們近年來成為當地及海外業主尋找物業管理的最佳選擇。我們一直以專業團隊管理租賃物業，更與多方合作達到更有效的管理。

一路走來，我們也是在跌跌碰碰中走過高高低低。我們從中汲取不少經驗，知道如何應付各種問題及突發事件。幸好，公司現時經已進入穩定成長期：我們已有固定的客戶群，也有一批信任我們的業主，願意把他們的物業交托給我們管理。

多年來，我發現到海外業主及投資者（尤其香港和中國內地），對英國物業市場有高度渴求，但與此同時他們對投資英國房地產，都有著很多疑惑和不安，當中包括：對英國物業的篩選、購買程序、處理、裝修、出租、管理、交税等。我相信通過這書，讀者可以對英國物業有更全面的了解，減低對投資的憂慮和猜測，並能對英國物業市場有更具體的了解和掌握。

葉謙信（資深英國物業代理）

序 1

我作為一個海外華人，結合中西文化，既能融入主流社會，也保留對華僑社會，對中國文化有著壹份濃厚的感情，是為幸事。

上世紀 70 年代初，我隨家人移居英國曼城。大學畢業後，於 1977 年隨父兄創建羊城樓。父兄廚藝精湛，不出數年，羊城樓已打出了品牌。1983 年為飲食指南，評為英倫最佳食肆。當年冠蓋雲集，客似雲來，座無虛席，獲獎無數，執曼城飲食界牛耳達四分之一世紀之久。

從 80 年代起，我開始參與曼城唐人街、華人社區及主流社會的慈善與公共事業。多年來，用了不少精力和時間，做了一點貢獻，因而得到華僑及主流社會的尊重和認同，是我感到最為驕傲和欣喜的事。

回顧華人移民英國半世紀多的歷史，上世紀 50、60 至 70 年代，大多為香港移民，以從事餐飲業為主。他們勤勤懇懇，胼手胝足，找到了生活，也栽培了第二代的成長。而華人子弟，大多聰明勤奮，讀書成績為英國各族群之冠。這些第二代的華僑子弟，和這 20 多年來中國經濟起飛後的新移民，成就了近年華人在英國多元化的經濟活力。

葉謙信和陳啟麟（編按：陳為本書的資料顧問），這兩個年輕有為的小夥子，就是在這個環境裏，開創了新的事業。他們背景相若，都是 80 後的青年俊傑。香港出生，英國長大，在英國著名學府唸書。本科都是與電腦有關的課程。謙信擁有商業信息技術碩士文憑；而啟麟則專修電子遊戲設計。兩人志同道合，成為好友。兩人商議妥當，下定決心，放棄了大家認為安穩的工作和收入，合夥拍檔，出擊創業。

朝著共同的目標前進，兩個年輕人把熱血傾注，由最初的構思規劃，直至今日斐然有成，相信當中有不少的崎嶇與挫折。但他們以一股幹勁，努力不懈，堅毅不拔，而大家互相信賴，彼此契合，造就出今日的成果，可喜可賀。看著他們當初在唐人街設辦工作室，為當地開拓了不一樣的商業領域。或許是初生之犢，他們勇於嘗試，與時並進，善於利用時下的社交平臺及資訊科技，以真誠、專業而又輕鬆的姿態處事，讓客戶更容易認識及接觸他們。

近年，他們也拓展至英國以外的市場，向海外華人提供英國物業方面的咨詢和交流平臺。在海外市場對英國房產的需求日漸增加的情況下，也因語言上的便利，他們創造了壹個優良渠道，成為雙方的橋樑。為海外客戶提供專業咨詢，協助買賣樓宇、房租管理。並打算積極發展和服務這個市場。

華僑第二代，在英國長大，很多人會全盤西化，在所難免。而學業有成，大多能從事專業工作，與華人社區，漸感脱節。謙信和啟麟在這些年間，艱苦創業之際，也不忘為唐人街華社做事，這是他們最為珍貴和自豪的一面。

在此，我祝賀他們現有的成就，在地產界創出壹片新天地；更祝願他們將來的發展，愿他們百尺竿頭，更進壹步。

楊鉅文

2020 年 6 月於曼城

編按：查楊鉅文先生生於廣州，香港長大。70 年代移居英國曼城，畢業於約克大學。多年來從事餐飲，地產，教育等事業。楊先生多年來積極參與曼城當地慈善和公共事務，道高望重，為當地華人之典範。

以下為編者搜索所得的資料。楊先生曾任：

曼城華僑社團聯合會秘書

曼徹斯特科學與工業博物館理事

曼徹斯特市市長慈善委員會成員

大曼徹斯特投資發展局董事

曼徹斯特大學校董

曼徹斯特工商會主席

並於：

2003 年英國女王壽辰授勛名單中授予大英帝國官佐勛章（OBE）

2017 年為大曼徹斯特郡司法都督（High Sheriff）

先後為索爾德福大學 (Salford University)，曼城都市大學（Manchester Metropolitan University)，波爾頓大學 (Bolton University) 授予榮譽博士學位。

曼徹斯特大學 (University of Manchester) 授予榮譽勛章 (Medal of Honour)。

現任：

大曼徹斯特郡女王副代表 Deputy Lieutenant of Greater Manchester Lieutenancy

曼徹斯特中英協會特使 Envoy of Manchester China Forum

殘疾人生活主席 President of Disable Living

皇家園藝協會橋水花園溪畔中國花園創建委員會執行主席 RHS Garden Bridgewater Chinese Streamside Garden Founding Committee Executive Chairman

序 2

多年前，我與阿謙（作者葉謙信）在一次英國物業發展業務中結緣，他在英國物業租賃和投資方面均經驗豐富。對於買賣物業細節，我眼見市場上已有很多相關資訊，但關於售後服務及物業管理的，市場上的資訊卻不一。阿謙在香港出生，後移民英國，熟悉香港、英國兩地地產行業操作及兩地文化，深明華人在物業投資上的需要，更了解正確的本地資訊對海外投資者非常重要。他的第一手兼第一身資訊對我拓展英國物業項目的幫助有很大裨益。

投資海外物業，最重要是掌握「地方智慧」，各地的買房細節、物業地段、租務市場走勢、甄選租客、物業新規例、文化差異，以至投資及財務規劃，包括按揭、稅項、投資回報、資產管理等，一旦未能掌握，可能隨時「中伏」。要解決「隔山買牛」的問題，參考有經驗人士之智慧及技巧，省時省力，可為自己免卻不少煩惱。

我推薦這本書的原因，正是其理性務實的定位，以及作者對行業知識的全面性，從物業出租及買賣細節、按揭事宜、投資住宅、商舖、學生宿舍及酒店的利弊等均一一詳述，同時涉獵建築法規、物業拍賣融資，以至如何成為發展商，再加上作者以投資者角度訂立投資方針及分析最有利的投資方式，實全憑他多年的實戰經驗，對投資新手或資深投資者，均極具參考價值。

環球經濟一體化，各國對弈均有機會影響經濟及物業市場，投資者必須收集多方面資訊，掌握最新市場情報，再作理性及客觀分析，才可作出明智的置業及投資決定。與其花大量時間在網上搜集資料，倒不如參考這本不可多得的物業投資手冊《買英國樓 海外投資免中伏》，資訊一目了然。

陳家軒

「意博金融」董事總經理（私人資產管理）

序3

英國的房產中介是個競爭激烈的行業，能在這行立足的華人企業實在不容易。我們與筆者的公司已合作很長的時間，這一路見證了他們的努力及付出。我們多次看見了筆者的團隊為了幫助客戶解決問題無償地工作，此精神實屬難能可貴。我在此感謝他的團隊對我們的律師事務所的支持，也希望他們不忘初心地繼續在房產中介行業裡努力，幫助更多的客戶群。

蔡睿 律師

TAYLOR ROSE TTKW

序 4

I originated from Ireland with many years of experience within the property industry.

I established my own family run company in 1975. Our company specialises in identification and acquisition of sites and land.

My team use their expertise and experience to identify and maximise the potential of any sites that are available. We also offer advice to owners on the use of their sites, to ensure maximum potential is gained. We aim to reduce the account of risk and cost to its minimum.

We operate across all sectors, including Residential Housing, Commercial and Industrial Developments, Housing Association and Supervised Accommodation, Affordable Housing, Leisure and Holiday use and Agricultural Use.

I have known Mr Yip more than 5 years. He is a humble, honest, reliable and intelligent gentleman.

I have watched him grow from somebody with no experience in the property industry, seeing how he has learnt from past mistakes and experiences to help and guide those who are new, and even those who are experienced, in the property industry.

John Lavelle

Managing Director of Strategic Developments

序 5

與筆者共同創業近 10 年。想當初，筆者是專業程式員，而我是平面設計師；大家都有不錯的工作及收入。憑著彼此都是初生之犢，無懼挑戰選擇離開自己的舒適圈，在曼徹斯特唐人街共同創立「創城地產」。我們善用網絡的元素及力量，發布及建立公司的形象。同時以實際的行動與努力，一點一滴創出今天的成績。

這也不是一路盡如人意，每次遇到挫折的同時，也提醒自己從中積攢經驗。目前，我們已穿梭於英國兩大房產平台：Rightmove 和 Zoopla，覆蓋了大多數有潛能買家或租客。這無疑為業主提供更有效率的出租，篩選更佳的租客。這些年，我們也建立自己的團隊，無論是幕後團隊或物業維修保養。此書推出後，我們緊接著會建立屬於自己的電話應用軟件 APP，方便業主 / 租客登入戶口，隨時查看物業資料，交付租金等事項。

如今， 很榮幸有一班相信我們的屋主，把物業交到我們手上代為管理。這種信任對於白手創業，是無比可貴。對我而言，這絕對是強大的推動力！在服務租客方面，我們也盡最大的能力，確保他們住得舒適、開心、無煩惱！當他們居住期間遇到任何問題，團隊都在第一時間回應他們，盡快幫他們解決。

今天，我們透過這本書，無私的分享自己的實戰經歷。此書面世，也總結了我們過去將近 10 年的心路歷程，這讓我非常感觸。回頭看，讓我更堅定自己的當初的選擇是絕對正確及值得！如果你想在英國置業，自住或投資，希望這本書可以幫你更有思緒及階段性的了解整個流程。置業的路上更清晰及明確。

陳啟麟 Alan Chan
「創城地產」聯合創辦人
曼城華埠街坊商會副會長

序 6

投資的選擇成千上萬，但買「磚頭」是大部分華人的首選。英國物業市場近年已為人熟識，「隔山買牛」的心理關口亦漸漸被投資者克服。作者作為華人移民，在英國落地生根，又熟識英國市場又明白華人的投資心態，此書作為作者的經驗結晶，必定能夠為各位讀者開闊眼界。廣東話中有一句「執輸行頭慘過敗家」，看畢此書便能了解英國地產投資的基本，不用作「敗家兒」。

鍾肇熙（Franky Chung）
「創城地產」聯合創辦人

序 7

阿謙與他的拍檔 Alan，是我到達英國曼城後第一批認識的本地朋友，他們有著舊香港的人情味，更難得是他們對於社區很熟悉，服務更加貼心以人為本。

當然，他們能夠以廣東話溝通，細説香港的前世今生，也是美好的光景。

黎瑋思
fb 香港人在英國版主

英國最新置業計劃詳析

2020 年 10 月英國首相 Boris Johnson 宣布，將為首置買家 (First time buyer) 提供高達 95% 按揭华貸款，即首期只需付 5%。預料有 2 百萬人受惠該政策。繼英國在 2020 年 7 月推出印花稅優惠後，是 Boris Johnson「租樓一代轉變為買樓一代」新政策的重要併圖。

英國最新置業計劃詳析

協助購買房屋計劃 Help to buy scheme

英國政府在 2020 年 10 月承諾將會推出新一輪的協助購買房屋計劃。首次置業者能夠申請較長的還款期，定息按揭，只需要 5% 首期。促使年輕一代能夠有一個妥善方法上會買樓自住。

這個新的政策有望能夠創造 200 萬新屋主。至於詳情關於按揭利率以及如何實行就有待公佈。

然而這個政策轉變究竟對樓宇業主及租務市場有什麼影響呢？

首先讓我們一齊探討現在按揭情況。由於疫情以及整體環境經濟收縮關係使到申請按揭銀行較為困難。因此大部分銀行借貸需要申請者具有 15% 的首期，所以如果英國政府推行 5% 首期政策，這樣理論上應該有助在經濟低迷時還能夠做業主，以及有助房屋及建築業就業。

可是這個政策不容易推出因為政府需要興建更多可承擔價錢的房屋，因為現在三分二的租住人士面對儲蓄困難，政府也不能直接影響房屋租務價錢，所以政府需要興建更多房屋以及便宜的租金給人民居住，這樣渴望能夠有助他們儲蓄。

那麼現在正在租屋的人是如何能夠可以用現有的資助房屋政策買到屋自住呢？

其實協助房屋計劃在英國、蘇格蘭、威爾斯、愛爾蘭都有自己的一套政策。

在英國的現有協助房屋計劃，首次置者需要購買新建房屋 而政府會套用股本貸款 (equity loan) 資助你 20% 首期 (在倫敦和高達 40%) 購買的物業不能多過 60 萬英鎊。

換言之你只需要出 5% 首期而政府政府出 20% 其他需要而向銀行借 75% 就可以購買物業。

政府的股本貸款免息貸款 5 年度，之後需要還息給政府就有如銀行借貸一樣但是利息比較便宜一些。貸款需要在 25 年之內歸還晝在當你銷售你的房屋。

注意這政策將會由 2021 年擴展至 2023 年而當中的房屋條文以及金額有可能會調整。

然而這些政策除了不能使用在二手的物業之外申請者也不能擁有多過一間物業以及用來出租。

那麼這個政策有什麼不妥之處呢？

- 市面上銀行借貸收緊以及選擇很少
- 發展商推高的價錢因為這個政策只可以在新房屋實行
- 五年之後需要給政府貸款以及銀行現有的貸款利息可能還高過他們租屋的金錢
- 隨時負資產如果該物業的價錢不升反跌

所以政府在十月份公佈的新一輪協作和政策，渴望政府能夠正是以上的問題特別推動能夠購買二手的物業。

印花稅假期（Stamp Duty Holiday）及計算方法

要了解印花稅假期，必先要知道何謂海外投資者印花稅

海外投資者印花稅

在 2020 年 4 月 1 號開始非英國居民購買英國物業的時候需要添加 2% 額外印花稅，作為海外投資者對英國樓市的新政策。

但英國財政大臣 Rishi Sunak 在疫情期間公布新一輪刺激經濟計劃，當中包括由 2020 年 7 月起，將繳交物業印花稅的門檻提高至 50 萬鎊，直至 2021 年 3 月底。

在新例落實前，樓價的首 12.5 萬鎊可獲豁免繳交印花稅，而首置客的繳稅門檻為 30 萬鎊。但新措施實施後，免交印花稅的門檻一均提高至首 50 萬鎊，寬鬆期為期 9 個月。

這短期政策適用購買英國住宅物業的非居民個人(non-resident individuals)，單位信託(unit trusts)，合夥企業和公司，以及以終身利益為受益人(under life-interest)，無擔保信託(bare trusts)和其他類型的信託的受託人(trustees)，但有一些物業類別可以豁免，詳情請查詢政府官方網站。

這個政策會帶來什麼影響呢？

- 對海外投資者額外負擔，特別在較昂貴的物業
- 大型企業及信託基金的投資策略可能需要轉變，例如以往

一次性購買多間物的印花稅優惠現在需要重新計算。

- 有可能海外投資者對英國購買物業出租的熱潮減退，從而令到本地的人民可以多些選擇購買物業
- 如果是英國居民，而且購買這是用來自住，但是在英國居住少於 183 天，這個額外的印花稅需要支付。

如果需要知道更多詳情以及準確地計算印花稅，那麼建議聘請專業的的印花稅服務公司處理。

印花稅假期 (stamp Duty Holiday) 計算方法

在 2020 年 7 月 8 日至 2021 年 3 月 31 日印花稅假期 (stamp Duty Holiday) 計算方法：

如果購買用作主要的自住

屋價 (£)	付款率 (%)
£500,000	0%
£500,001 to £925,000	5%
£925,001 to £1,500,000	10%
£1,500,001 +	12%

如果購買多過一間物業 'additional' property

屋價 (£)	付款率 (%)
£500,000	3%
£500,001 to £925,000	8%
£925,001 to £1,500,000	13%
£1,500,001 +	15%

在 2021 年 4 月 1 號之後會回復返在 2020 年 7 月 8 日之前的印花稅計算方法就如如下

如果購買用作主要的自住

屋價(£)	付款率 (%)
£40,000 - £125,000	0%
£125,001 - £250,000	2%
£25,001 to £925,000	5%
£925,001 to £1,500,000	10%
£1,500,001 +	12%

如果購買多過一間物業 'additional' property

屋價(£)	付款率 (%)
£40,000 - £125,000	3%
£125,001 - £250,000	5%
£25,001 to £925,000	8%
£925,001 to £1,500,000	13%
£1,500,001 +	14%

在 2020 年 4 月 1 號首次置業者可以享有特殊的印花稅稅務優惠豁

如果購買用作主要的自住

屋價(£)	付款率 (%)
£300,000	0%
£300,001 - £500,000	5%

** 如果該物業多過 50 萬英鎊就沒有這個優惠

為什麼要投資英國物業？

隨著一些英國房地產投資熱點地區（如倫敦）增長放緩、交易量持續下滑，加上英國經濟前景不明朗，不論本地或海外投資者都需要謹慎投資。

傳統的出租物業投資者，因受到新稅收和法規的束縛、利率變動及緊縮的貸款條例等，令二手物業買賣變得相當困難。

然而，有投資者認為：在不明朗的市場倒反可以找到投資新機遇，例如不論在買賣價格或租務需求方面，某些地區卻不跌反升，而不同的統計公司均一致認為：未來 5 至 10 年英國房地產價格將持續上升，特別是在二線城市。

在本章中，筆者會跟讀者分析英國房地產市場，不同投資的角度和方針。

投資英國物業的優勢

以下讓我們一同分析在英國房地產市場中，不同投資的角度和方針：

a. 從一線城市以外的平衡發展中洞察市場潛力

一提到購買英國房地產，亞洲投資者以往只會聯想到倫敦、劍橋和牛津等「焦點地區」（或稱一線城市），促使這些地區的房地產價格上漲，但預計未來幾年，這些焦點地區的增長將低於平均增長水平。自 2015 年起，英國中、北部地區如伯明翰、曼徹斯特和利物浦等地方的房產價格和租務市場，都錄得顯著增長。

雖然本地及海外投資者，在英國境內不斷尋找全國最高收益回報，以及可持續增長的地區。然而，該些焦點地區的房地產價格，到目前為止仍是全英國最昂貴的地區。

b. 英國北部振興計劃（Northern Powerhouse）

英國政府為加強經濟發展，在 2016 年推出 Northern Powerhouse Partnership（英國北部振興計劃），目的是通過中、北部地區的發展，帶動國家整體經濟。

目前，英國政府已推出一系列措施，如：運輸改進（HS2）、科學與創新（National Graphene Institute, Square Kilometre Array）、藝術（Factory Records）、科研等項目，令中北部地區開始成為投資者的熱選。

c. 房屋短缺

房屋短缺不獨是香港獨有的問題，在英國亦有類似的情況：

i. 隨著英國一、二線城市不斷發展，令房屋價格不斷上升；

ii. 年輕一代因負擔不起樓價，唯有租樓住；

iii. 基建項目日增，令勞動人口急速上升，加速住屋需求；

iv. 英國的優質教育吸引大量的海外學生前往讀書；

v. 大型公司駐倫敦以外地區等因素。

以上幾點的結果，是導致城市或周邊地區住宿出現供不應求。不論買屋或租房，政府亟需處理房屋短缺的問題。幸好，英國政府決定在未來幾年，於多個主要城市興建 100 萬個房屋單位，以正視問題。

不過，政府因資金有限，故決定開放市場，容許海外機構投資興建房屋及相關的項目，正好為投資者提供商機。

d. 英國 2 號高速鐵路（High Speed 2）

英國 2 號高速鐵路（High Speed 2，又稱 HS2），計劃目的是連接全英所有主要城市，通過縮短行車時間，增強不同主要城市間的社會及經濟活動，強化彼此需求。

受 HS2 帶動，很多企業經已將公司遷到倫敦以外的城市，既節省了經營成本，聘請人才的地區性範圍亦變得具彈性。HS2 連接倫敦、伯明翰、曼徹斯特及利茲等城市，便利在鐵路線附近投資。

e. 完善的法律基礎

英國法律制度令物業投資有保障，雖然近年有個別爛尾樓事件，但這些個案往往是由於賣方用極誘惑方式騙取投資者，導致投資者有金錢的損失。如果依據正常法律程序，相信可以預防。租務方面，英國法律也有既定程序，以保障業主及租客處理有關問題。

f. 投資方式富彈性

物業種類方面如：住宅、商舖、工廠、貨倉、車位、地皮，甚至整個區分也可以用來投資。金額幅度視乎個人而定，回報方式也不同。投資者可根據喜好作決定，當然要清楚自己能夠承擔的風險、資金回報方式等。例如可用槓桿模式買樓收租，即只還利息不還本金。投資者也可選擇舊樓翻身項目，亦可選擇私人購買或和政府合作興建。

g. 便利海外投資

由於英國需要大量的海外投資者應付發展需求，故在物業投資方面，門檻不算太過苛刻。不論本地或海外投資者，只要根據英國法律及稅制行事便行。

h. 長線投資有保障

英國投資項目屬長線投資多於炒賣，因為租金回報及房屋短缺等因素，以致長線投資回報有一定保障，升值潛力正不斷上升。

2. 投資英國樓該注意什麼？

a. 稅制

無論是從出租物業所得的回報，抑或由銷售物業賺取的增值利潤，投資者也需要交稅。然而，英國的稅項比其他國家都要高一些，所以如能在稅務方面作有效處理，便可增加收入。（當然不是叫你瞞稅）

值得一提，以往投資者可以用利息，抵銷部份利潤，但有關做法在 2020 年 4 月後便行不通了，意味稅款會增加，所以投資者最好跟財務顧問商討，如何處理自己的投資。

b. 持續的風險

所有投資都有一定程度風險，在投資房地產更可能是一種持續性的債務責任（體現在處理租客問題、維修物業、管理、處理空置等），對海外物業投資者來説都是一種負擔。當然以上問題可通過中介代理來解決，但要找到合心水和有信譽的中介代理，也不是件易事。

c. 不適宜炒賣

英國樓除了樓價升幅較香港樓慢，買賣程序亦相當漫長。後者是由於律師方面有很多因素要考慮，但的確在保障投資者方面來説，做得相當好，但同時也會導致炒賣物業變得困難。

d. 物業質素

相比起買香港樓，英國物業的質素（如室內用的物料）沒有香港樓的用料講究，手工通常一般，常見的問題有水管爆裂、執漏裝修等。這個問題相信較難處理，因為英國人的要求跟香港不同，當地人認為「足夠」便可以。

e. 管理費問題

如購買公寓，小業主通常都要交管理費。在法律方面，管理公司通常是由大業主委托。管理公司的責任是管理大廈，所有出入的數字都要有根有據、預算案要清晰，可是很多管理公司為賺錢卻忽略了服務，導致大廈沒妥當管理。

例如：垃圾沒有人處理、沒有人清潔、沒有人維修、地方被露宿者強佔，以及盜竊問題嚴重等等（但管理費卻照收）。如不給管理費就要被罰款。小業主們通常沒什麼可以做到，除非大部份小業主自組，自發管理大廈，但後者的做法相當困難，因為大部份小業主均沒有合適的溝通渠道，要聘請律師向法庭申請索取大廈的管理權，故所需的費用及時間也不少。

總括來説，英國物業是值得投資的，雖然當中有不少問題要注意，但這些問題都是有方法可以解決。投資者切記要審慎處理每個項目，因為海外投資者始終是隔山買牛，他們不可能即時處理所有問題，所以聘請有能力、有信譽和可靠的管理團隊是非常重要的。

英國地區市況概覽

不論你的投資策略是炒賣或長線投資，都需要掌握投資地區的重要性。很多海外買家會透過媒體、朋友介紹、中介推介等，認識投資地區的市況。

可是，這些資訊究竟孰真孰假，或有幾全面？筆者建議投資者要多聆聽、多分析、多考察，但作為一個海外買家，應如何掌握及分析地區市況？

投資分析可以分為兩類，即數據分析和資訊分析：

- 數據分析：借助由樓宇價格、租金、人口統計和市場構成等數據，幫投資者選擇適合投資的區域。
- 資訊分析：例如將來發展的項目、什麼地區拿了興建批文、政府的長遠政策、海外投資者的趨勢等數據，可助投資者掌握該區的未來發展。

英國這麼大，投資哪個城市比較好呢？近年尋找倫敦之外的投資者越來越多，所以要趁地方的樓價未飆升之前，及早入市可享高回報及日後的增長回報。

英國房地產投資熱點巡禮

以下是英國最好的房地產投資熱點（排名不分先後。資料是來自 www.plumplot.co.uk）：

1. 伯明翰（Birmingham）

a. 人口：114.7 萬（2018 年）

b. 樓價增長：36%（2013 年至 2018 年）

c. 優勢：

- 擁有 5 間大學
- 屬倫敦以外最大商業區及金融中心，吸引為數眾多的企業注資（如匯豐銀行、德意志銀行、羅兵咸永道）；
- 受惠鐵路發展（只需 49 分鐘便到倫敦），令經濟和人口急速增長。預計 2039 年人口增長達 13%。當地的一級辦公室供不應求，就業增加，新的公寓不斷落成；
- 未來 5G 網絡及 2022 年英聯邦運動會（伯明翰為主辦城市）將會令到該區的活動持續看好。

d. 基建及大型計劃：

- Paradise development（7 億英鎊）
- Smithfield 市區重建項目（5 億英鎊）

e. 平均工資：2.5 萬英鎊（年收入）

f. 平均屋價：23 萬英鎊

g. 其他資料：

－ 過去一年漲幅：7.5%

－ 在售房屋數量：9,865 間

－ 2010 年，英國政府將伯明翰定位為除倫敦外，英國第二個國際大都市，目標是在 2030 年前躋身世界排名前 20 位。同年，中央政府與伯明翰地方政府攜手開啟英國有史以來最龐大、最全面的跨時 20 年的「大城市計劃」。該計劃是為期 20 年的總體規劃項目，旨在重建與復興伯明翰中心區域。另外，在交通領域，伯明翰也迎來了歷史最大規模的投資。

－ 伯明翰還有一定規模的華人社區，華人人口數量位居英國第三，中國移民的社會融入相對容易些。相對倫敦等高價房集聚的城市而言，伯明翰房屋的可負擔程度比較高，十分吸引中國買家。

2. 曼徹斯特（Manchester）

a. 人口：54.5 萬（2018 年）

b. 樓價增長：33.6%（2013 年至 2018 年）

c. 優勢：

- Northern Powerhouse 中心地段聯繫各大城市，擁龐大租務市場和學生人口。預計未來 10 年人口增長 14%。
- 有獨特的創科元（Media City）
- 同市之內因有兩隊著名的足球隊，吸引旅客慕名而來，令酒店房間長期短缺。
- 交通配套完善，設多條輕軌線路連接大型商場、市中心和機場；
- 租金增長高於其他城市

d. 基建及大型計劃：
 - Manchester Airport
 - Manchester Campus Masterplan

e. 平均工資：2.7 萬英鎊（年收入）

f. 平均屋價：19.2 萬英鎊

g. 其他資料：
 - 當前購房均價：15.79 萬英鎊
 - 過去一年中的漲幅：7%
 - 在售房屋數量：10,973 間
 - 根據謝菲爾德大學教授喬納森・希維爾（Jonathan Silver）的調查發現，可持續的資本增長和定期的高收益率，使英國成為全球投資者的避風港，其中曼徹斯特尤其吸引投資者的目光。
 - 曼徹斯特近年來的發展勢頭不可小覷，被視作歐洲發展最快的城市之一，房屋銷售速度是倫敦的 3 倍。近年來在「北方經濟引擎計劃」（一系列促進英格蘭北部經濟發展的計劃）的推動下，房價不斷攀升，許多房產機構稱曼徹斯特為投資的好地方。
 - 對於海外買家來説，曼徹斯特大學、曼徹斯特城市大學、曼徹斯特音樂學院等眾多高校資源也很有優勢。
 - 交通便利（曼徹斯特有 3 個火車站，直達倫敦約 2 小時。曼城機場也有直達北京和香港的航班）和豐富的體育文化（曼聯和曼城球隊）每年都吸引來自成千上萬的旅客。
 - 曼徹斯特還有全英第二大中國城，華人社會在這裡有很大的規模。

3. 利物浦（Liverpool）

a. 人口：49.1 萬（2018 年）

b. 樓價增長：23.5%（2013 年至 2018 年）

c. 優勢：

- 市內擁有著名足球隊，吸引旅客慕名而來；
- 利物浦有「文化之都」的稱號，每年舉行的文化自由行相當受歡迎；
- 利物浦的醫科深受學生歡迎。

d. 基建及大型計劃：

- 50 億 Liverpool Waters Scheme 和 Regenerating Liverpool Masterplan
- 140 億英鎊改善城市中心交通網絡及重建計劃

e. 平均工資：2.3 萬英鎊（年收入）

f. 平均屋價：15.8 萬英鎊

4. 愛丁堡（Edinburgh）

a. 人口：51 萬（2018 年）

b. 樓價增長：27.7%（2013 年至 2018 年）

c. 優勢：

- 作為蘇格蘭的首府，愛丁堡有豐富歷史文化和教育資源；
- 世界最古老的大學之一愛丁堡大學坐落於此；
- 愛丁堡是蘇格蘭的交通樞紐，交通條件良好，幫助並服務於眾多旅客、留學生和投資人士。
- 愛丁堡在經濟實力上的表現也不俗，它主要依靠金融業進行發展，它目前是除了倫敦以外最大的金融中心。

d. 其他資料：

- 當前購房均價：21.86 萬英鎊
- 過去一年中的漲幅：8.2%
- 在售房屋數量：9,314 間

5. 萊斯特（Leicester）

a. 人口：34.8 萬（2018 年）

b. 樓價增長：38.5%（2013 年至 2018 年）

c. 優勢：

- 萊斯特是兩大主要鐵路線的交匯點，一條是北／南米德蘭主幹線，另一條是東／西伯明翰至倫敦斯坦斯特德縱貫鐵路線（London Stansted Crosscountry）；
- 萊斯特是 M1/M69 高速公路和 A6/A46 幹線的彙流處；
- 由萊斯特抵倫敦火車只需 2.5 小時左右
- 據 2011 年人口普查數據顯示，萊斯特人口數量為 329,839，是東米德蘭茲地區中人口數量最多的市。相關城市地區的人口數量在英格蘭排 11，在全英排 13。
- 經濟發達：萊斯特是東米德蘭茲地區最大的經濟體。東米德蘭茲發展局（EMDA/Experian）的一項研究預測總增加值（GVA）達到 153 億英鎊。

d. 其他資料：在萊斯特及其周邊地區有總部或重要場所的公司包括；Brantano Footwear（鞋）、Dunelm Mill（家居產品）、NEXT（服裝）、Shoe Zone（鞋）、Everards Brewing and Associated（酒吧）、KPMG（畢馬威）、Mazars（瑪澤）、Cambridge & Countries Bank（銀行）、HSBC &

Santander Banking（銀行）、Hastings Insurance（斯保險）、British Gas（英國天然氣公司）、British Telecom（英國電信公司）、Topps Tiles（瓷磚）以及 DHL（速遞）等。

6. 紐卡素（Newcastle）

a. 人口：16.1 萬（2018 年）

b. 樓價增長：53%（2013 年至 2018 年）

c. 優勢：

- 紐卡素曾是英國的重工業製造中心，以冶煉和造船業出名。二戰時期也是英國重要的航空航天生產基地。如今和英國很多城市一樣， 成功轉型為一座著名的大學城。
- 紐卡素是英國為數不多具備完善地鐵的大城市之一，並且有發達的公共交通體系和市政設施配套。
- 自然環境佳，使它成為最適合生活和居住的城市之一。
- 夜生活豐富。在一項以紐卡素地區大學的大學生為對象的調查指出，超過一半大學生，打算在畢業後繼續留在紐卡素居住和工作。
- 紐卡素是當地華人居住最密集的城市之一。在市中心有繁華的「中國城」，許多中式的美食和生活日用品在此都能買到。在中國城牌坊的外面，是大名鼎鼎的英超紐卡素聯隊主場：聖詹姆士公園球場，吸引旅客慕名而來。
- 房產價格比英格蘭南部便宜。全英國的平均房價是在 21.6 萬英鎊，紐卡素的平均房價只有 16 萬。然而在傳統的所謂富人區也可以找到與南部、倫敦等地相比擬的豪宅。2008 年金融危機後北部房價有穩步的上升，然而北部的房價和南部的房價相比還是有一定的差距。圖展示了過去 6 年同期的平均房屋售價。可以看出有一定的波動，但總體來説呈現逐漸上升趨勢。

- 紐卡素穩步上升的房價，加強了投資者的信心，同時房產在市場銷售的停留時間逐漸縮短。紐卡素地區的房產在市場銷售的停留時間較去年同一時期相比平均縮短 17%，市場房屋存量減少，也進一步推高房價。由於英國整體的房屋建造速度遠遠不如人口增長速度，對房屋的需求速度不斷增長，將使英國的房價持續不斷地上升。根據 Rightmove 的預測，未來 5 年英國的房價至少上升 30%。

7. 格拉斯哥（Glasgow）

a. 人口：59.88 萬（2018 年）

b. 優勢：

- 格拉斯哥是蘇格蘭最大城市，英國第 3 大城市。長期以來，格拉斯哥被視為英國最佳購物天堂之一，僅次於倫敦。近年來，「英國北部發展大計劃」將格拉斯哥視作其中重點發展城市。該計劃將要改造城市交通狀況包括通南北的高鐵以及東西的新北部交通系統，縮短城市內的交通時間，開通 Trans-pennine 線，連接城市與機場。
- 自從 2011 年開始，格拉斯哥在基礎建設上每年可吸引超過 80 億英鎊的資本投資，包括房地產，零售，健康，酒店，教育等行業。資本投入的加大使得格拉斯哥進一步接近國內及國外市場，吸收更多投資的現像為海外資金的投資提供了跳板。

c. 平均工資：12.49 萬英鎊（年收入）

d. 當前購房均價：12.49 萬英鎊

e. 過去一年中的漲幅：7.2%

f. 在售房屋數量：16,997 間

8. 諾定咸（Nottingham）

a. 人口：28.93 萬（2018 年）

b. 優勢：

- 諾定咸所在的東米德蘭地區在 2017 年 10 月的數據統計結果中，比上一年總體房價增長 7%，是全英房價漲幅最高的區域。根據英國教育標準辦公室（Ofsted）的評級，該地區諸如 Beecham College 在內的學校都獲得了很高的評分，導致大量國內外家庭因為良好的教育資源搬到這裡，讓當地房價持續水漲船高。
- 根據 2017 年諾定咸市議會的數據，它是英國主要城市中居民年齡層最年輕的城市之一，同時更以開創性的教育研究而聞名於世。從布洛芬和核磁共振成像掃描儀的發現，到先進的紡織品和碳捕集，諾定咸被稱為「學術創新之家」。
- 便利的交通條件（2 小時火車即可抵達倫敦或曼徹斯特）同完善的商業設施、運動設施、景點、生活配套一起，給諾定咸加了不少分。這座城市房產投資的潛力巨大。

c. 當前購房均價：14.67 萬英鎊

d. 過去一年中的漲幅：6.5%

e. 在售房屋數量：9,576 間

曼城地區市況分析

學校的教科書會告訴你：曼徹斯特是工業革命發源地，但現在它已變成一個充滿活力的城市，擁有豐富景點，不論在歷史、文化、教育，甚至經濟也追上倫敦，因此被譽為「英國北方的首都」。

曼徹斯特原先擁有的工業遺產，並將其轉變為優勢，創造了該國最令人驚嘆的翻新和別樹一格的建築，其獨特城市規劃使它吸引了不同的貿易契機，成為一個富有活力的多元文化國際大都市。

這個城市有著從傳統到現代；從民粹主義到民主國家；從酒吧、俱樂部和喜劇場所到音樂廳、畫廊和劇院等多個層面的文化，因此曼徹斯特擁有從世界各地不同國籍不同階級的人民居住，為此也有不同種類的購物中心，從大型特拉福德中心（Trafford centre）包羅萬有的購物中心到不同風格的購物街。正如不少評論家都說，曼徹斯特基本上樣樣齊。

另一個特別之處，很多國家的城市都已經老化，但因為曼徹斯特的良好發展狀況，令不少年輕人喜愛到曼徹斯特工作。隨著年輕人口的不斷增長，預計這個城市將繼續蓬勃發展，加上作為Northern Powerhouse的中心地帶。曼徹斯特已經開始不同的大規模重建計劃，外資也比倫敦以外的任何其他城市都多。

在2015年最後一個季度，喬治・奧斯本（Chancellor George Osborne）總理宣布由中國財團投資730億英鎊的

Middlewood Locks 項目。這項目在 Salford 的 24 英畝棕地上建造了 2,000 套房屋，靠近曼徹斯特的 Spinningfields。

另外，中國的 Gingko Tree 投資集團投資了一個標誌性的天使廣場建築，這是 NOMA（詳情請看第 32 頁），重建項目的旗艦項目。NOMA 是一個耗資 8 億英鎊，佔地 20 英畝（8 公頃）位於曼徹斯特的重建計劃。它是英格蘭西北部最大的開發項目，首發項目在 MediaCityUK（詳情請看第 40 頁）和 Atlantic Gateway。

此外，曼徹斯特的租金升幅是在英國排行第二，屈居於第一名的 Westminster。而隨著租務市場強勁增長，根據匯豐銀行的數據，曼徹斯特 Buy-to-Let 排第二，促使曼徹斯特成為國內外投資者的熱門市場。

雖然 2016 年英國公投脫歐，導致不少交易小幅度地放緩和價格的放寬，但 JLL（Jones Lang LaSalle，英國第二大商業房地產公司）的研究專家樂觀地認為，英歐的房地產價格的增長，並不會有進一步的負面影響。

根據 JLL 的報告，提及在未來 5 年，由於需求和供應不斷增長，曼徹斯特的房屋價格值增長（Capital Value Growth）預計將達 28.2%。英格蘭西北部的房價至 2021 年上升了 18.1%，而曼徹斯特在 2016 年的物業增值資已增長了 16%，因此導致租金也因此不斷上升。

那麼，投資曼徹斯特是否會如期那麼好？讓我們分析曼徹斯特5大投資地方，不論是將會建成或二手樓宇，就讓我們一齊來拆解：

1. 曼徹斯特的NOMA：20英畝（8公頃）大型重建及開發項目，吸引各大型投資公司
2. Deansgate：擁有不同規模的公司及商店
3. 遠播全球的曼徹斯特大學城，集合不同國籍頂級學生，充滿不同的商機及機遇
4. Salford Quays媒體城
5. 曼徹斯特其中名校區之一的Sale

1. NOMA

曼徹斯特市中心的NOMA計劃是一個開創性的新區，將在10至15年內以8億英鎊的價格建成，是英格蘭西北部最大的重建項目。佔地20英畝，完成後將擁有400萬平方英尺的辦公室、住宅、商店和休閒設施集一身。

NOMA項目的第一階段是1.42億英鎊Co-operative Group的總部「一個天使廣場」，已有很多企業和人員上班，現在公共廣場正在開放，這個社區正在運作中，主要交通基建投資項目也重組，其中包括：

a. 維修及改造維多利亞火車站；

b. 建造新的連接通道在來往曼徹斯特維多利亞、牛津路、Piccadilly Stations和Salford Central Station間到英格蘭北部更快，更頻繁的服務；

c. 進一步擴展 Metrolink 輕軌網絡；

d. 建立一個跨城市公交車網絡，其中包括新的站點和路線，將直接向 NOMA 和市中心增加乘客和遊客。

因此，在這一兩年已經有不同的發展商開始興建各種類型的住宅。雖然還沒有完成但它們的銷售狀況非常好，因為價錢比市中心的新樓宇較便宜，加上該地段的升值潛力非常高。

例如 North Central 和 Halo Apartments 已經在 2018 年中完工，當時銷售價為 330 至 400 鎊每呎不等。雖然沒有特別設施配套，但價錢還可以接受。樓層和附近的二手樓相若。對比附近的二手樓宇，它們的好處只是新建成，除此以外沒太大吸引之處。

其實早在 2008 年金融海嘯前，曼徹斯特政府一早已經開發 NOMA 地段。只是金融海嘯令多樣基建項目暫停，因此當時已經落成築了不少樓宇。當中最令筆者覺得最好的二手樓盤是 The Red building，它是一個 5 層住宅公寓，建於 2007 年尾，外牆是白色，由空中看下像一個「口」字型。中間空心是休閒地區。附近有公園、大型停車場、有不同共交通工具連接。在這兒步行到市中心商業城只需數分鐘，非常方便快捷，故吸引大量高尚返工人士及學生居住，每呎呎價約 260 鎊。

一房單位為 14.5 萬英鎊，面積約 550 呎，可租出 725 鎊每月。兩房單位為 17 萬英鎊，面積約 670 呎，可租出 900 英鎊每月。不包含車位因為該建築車位只供給 3 成單位，但無損出租率，因當地人普遍乘搭交通工具，或利用附近的大型停車場為佳。

最大的好處是現樓，有租客，大致上有 6.5% 回報。不足是已經有大約 10 年樓齡，雖然外牆及內籠也非常新淨，不過很多投資者不太喜歡舊的樓宇，但對租客而言，這個租金及地點是非常好。

所以該項目適宜長線投資，而筆者也相信在將來也會升幅不少，因新樓的樓花和這個現樓的價錢相差 20 至 30%，所以絕對有升幅的空間，而將來出售也容易受本地買家接納。

2. 曼徹斯特中心地帶之一：Deansgate

Deansgate 是通過曼徹斯特市中心的主要道路（A56 的一部分）。它沿著城市中心的西部沿著直線路線大致南北行駛，是市中心內最長的一條街道（約 1 公里）。

在 19 世紀末期，Deansgate 已是一個不同用途的地區：北端有購物和大型辦公樓，而南部還是主要是較中下級人民居住。另外在 Deansgate 下方，設水道與其他水道相連非常特別。到現在 Deansgate 發展到整條街也相當興旺，既有購物商店，也有餐廳。從白天到晚上都人來人往。

說到 Deansgate，一定要提及 Beetham Tower（也被稱為 Hilton Tower）是英國曼徹斯特地標之一：它是一幢 47 層高的混合式摩天大樓，在 2006 年完成，有 554 英呎（169 米）的高度，它是倫敦以外的英國最高的建築，在英國是第 10 高的建築。《金融時報》被描述為「英國唯一適合倫敦以外的摩天大樓」。因此，它是曼徹斯特最高的建築物。

可是這個紀錄將會被破因為在旁邊將會興建一座高達 659 英呎的最高建築物 Tower 1。該站點位於 Deansgate 火車站南面，位於 Mancunian Way 北部，由 Old Deansgate，Pond Street、Owen Street 街和 Medlock 河沿岸。因為曼城市議會在 20 世紀 20 年代初通過了一個框架，將該地點指定為高層建築的可接受地點。該計劃重新啟動了 4 座摩天大樓的規劃應用，可見曼城的基建發展不斷。

因此在這地區附近也有不少樓花出售。可是有不少樓花售價太貴及遲遲不動工，因此不值一提。也有一些離 Deansgate 中心非常遙遠，但在廣告或宣傳單張卻說是 Deansgate 附近，這有欺騙之嫌。

所以 Beetham Tower 是在這區分是最好物業，以下我們仔細分析：Beetham Tower 分一半，下一半是酒店和上一半是公寓。大多數單位是開放式客廳，綜合廚房和兩間臥室。擁有現場 24 小時禮賓服務。安全分配的停車場。EPC 評級 B ！

現在售價大致上 420 鎊一呎，兩房大細有 550 尺至 900 呎不等。過往兩年已經升幅不少。租金大致 1200 至 1600 鎊。回報不是相當高，但住客是社會的中、上層，而這個地位的物業相當有升值潛力。雖然管理費比其他公寓為高，但它的質量也相當保證。如果自住是一種享受，那出租只是一個額外收入。

但有一點要小心：很多兩房單位是從一房單位加建或分拆出來，所以有不少銀行貸款是不容許的，甚至未必有批文可以由一房變兩房，所以在購買時要留意。

另外，在出租方面也相當困難，因為管理服務太好，所有出入需要有證明和它們需要住客有最少半年至一年合約，所以如果想做短租的話，就會相當困難。

總而言之，該物業在升值潛力是有的，但在長遠收租來說不太適合。

3. 曼徹斯特大學城

大曼徹斯特（Greater of Manchester）擁有多間著名大學，其中最著名的是曼徹斯特大學（The University of Manchester，縮寫為UoM），在世界各地也非常著名，獲獎無數，每年收到最多入學申請多不勝數，是入學競爭最為激烈的英國大學之一。

由於曼徹斯特不斷發展，曼城大學也不落後，不斷購買不同地段來擴張。就連英國頭號物業公司之一布倫特伍德（Bruntwood）將與M & L酒店集團（M & L Hospitality Group），在曼徹斯特商學院旁，投資興建一幢19層高、326間客房的酒店。

但在這區份沒有新的物業可供給海外投資者出租，因絕大多數是經已建成的學生公寓或私人公寓，最近的房屋是新改建的地域，但只給本地人居住，不能出租給他人。

有很多投資者想在學校區內買一些房子來租給學生，特別將房子分拆成多間劏房以增加收入。可是要注意的是收入雖高，但可能經已觸犯法律問題，因英國對劏房出租是有規則的，加上分租對比普通出租所承擔的風險及金錢支出是相當大的，所以筆者建議如想減低風險，最好購買普通公寓，既可出租給學生，也可出租給上班一族及家庭。

這樣讓我介紹一個我覺得不錯的樓盤：Linen Quarter，建築獨特、現代、優雅。位於曼城大學及曼城醫院交界，非常受學生及上班一族歡迎。交通方便不在話下，每個單位也有車位以便出入。

旁邊設公園（Whitworth Park）、美術館（Whitworth Art Gallery）等設施，絕對是學生及市區上班人士理想居住環境。

該位置可以快速進入牛津路以及 Hulme 新的 Birley 校區，所有公寓均設備齊全，每間都設有自己的停車位，以及令人印象深刻的公共花園／露台區，為所有居民提供便利。

在每個公寓裡，廚房設計提供時尚的門面選擇，配有手柄和檯面。每個廚房都配有一系列高品質的電器，包括電烤箱、爐灶和煙囪罩，時尚的不銹鋼表面，以配合工作檯面和底座。標準配備集成洗衣機／烘乾機。在浴室中，也顯示高質量和風格的設計及配套。

每間公寓都是採用電能加熱，這樣不用煤氣會比較安心，在不同的地方也設有防火防盜警報器。

絕大多數是兩房單位，大概 625 呎

- 租金：每月 825 英鎊
- 地租：每年 300 英鎊
- 服務費：每年 780 英鎊
- 售價：約 158,000 英鎊，6.3% 回報率

該公寓不足之處是，價格不會升幅太多，因附近已經有很多不同種類的樓宇。租金經已到頂，最多將來應該去到 900 鎊。如果購買來長線投資是不錯的，但想用該物業賺物業差價的話，就未必太好。

由於該物業主要租務是學生或一些沒有家室人士，所以往往不會愛惜該物業，導致業主需要支付一些額外的維修費用。以及租客的流量速度比較快因為通常住滿一年就會離開，所以會有一段時間空檔期，業主需承擔空檔期的費用。

地址：99 Denmark Road, Manchester, M15 6AZ

4. Salford quays - Media City

Media City 媒體城位於曼徹斯特城之外。有一個碼頭名叫索爾福德碼頭（Salford Quays）。它在早幾年前，當地 Salford 政府和媒體公司一同開發的市區，當時的開發商是 Peel 集團，而 Peel 集團是英國最大的私有物業和運輸公司之一。Peel 集團擁有土地

和財產、港口、機場、媒體、能源、環境和休閒業務的商業利益，資產額超過 50 億歐元。可見實力雄厚眼光獨到。

這個發展計劃使原本空無一物、沒有特色的地區搖身一變，在短短數年 Media City 經已是英國西北部的買賣熱點，遠播全球。小小的地方設施齊全，設有：輕軌電車、巴士、商業城等。

在過去 5 年中，該市的企業數量已經增長 20%以上，當地經濟增長了超過 15%，不斷有新的就業機會，使 Salford 僅次於曼徹斯特市本地區成為就業熱點。現在已經超過 200 家企業進佔了 Salford Quay，包括 BBC、ITV、dock10 和 Bupa 等大企業。

加上曼徹斯特的人口不斷增長和供需失衡，該地區的平均資本增值和租金收益率高於平均水平，房價因此大幅上漲，並將隨著地

區的增長而繼續下去。越來越多的人正在向Salford轉移，因為市中心的樓價及租金對一般打工人士已屬偏高。

近期在裡面最出名的新樓盤是Media City Tower，它將成為其中一個地標，總共有4幢大廈。它的獨特之處在於屬稀有的新樓盤，在Media City和下面有輕軌直接來往曼徹斯特中心地帶，非常方便。售價為310至400英鎊一呎。

目前，第一幢和第二幢已完工，而最後一項工程預計於2020年尾完工，但有消息指出最後的這項工程將會延遲。這個項目優秀之處，除了是地標性及樓宇簇新外，就沒有其他吸引之處。因為從長線角度考慮，租金回報率不算太好，預計不足6%回報。主要是售價高而租金追不上。

加上附近沒有好的中、小學，且不接近任何一間大學，故租客多數是上班一族或兩人家庭為主。加上附近不斷有新樓宇落成，相信會提供更多選擇給租客。然而令到價格和租金不會大幅上升，極有可能停滯一段時期。順帶一提，除了海港以外，其他地方不是太好的選擇。

另外，附近有不少二手樓盤出售，價錢也較新樓盤少3至5成，但租金相若，所以很多本地的買家選擇二手樓多於這個項目，當地的二手樓在短短幾年間，升幅達兩成以上。

5. Sale, Greater Manchester

Sale 屬於曼徹斯特名校區之一的地段，從地圖看來它好像是曼城很遙遠的地區，但這區份是曼徹斯特最早開發的區份之一，也住了不少高尚住宅人士及家庭的地區。或者不可以用小鎮來形容這區份，因為在 Sale 市中心的購物中心已有多間銀行、大型超級市場、酒店、不同類型的辦公室、超過 50 間商店，以及包羅萬有的餐廳。

此外，這區的交通方便，有輕軌電車直接到曼徹斯特中心只需要 20 分鐘，途經曼聯球場只需 10 分鐘車程。自行開車或乘搭公共交通巴士需要 20 分鐘到曼城中心。不足 2 分鐘車程到曼徹斯特的主要高速公路 m60/m56，東南面方向可以往曼城機場只需 5 分鐘，如果喜歡購物可以向西面方向，到曼徹斯特最大型的商場 Trafford centre 購物也只需 5 分鐘。

最意想不到是，附近有一條非常漂亮的小河，有小型河流可以直接乘搭小型船隻到曼徹斯特中心，也可以隨著小河的單車徑直接到市中心。

在 Sale 中心附近有不同種類的住宅物業：獨立屋、排屋、公寓等，樣樣齊全。適合不同年齡層及家庭需要，平均呎價約 240 鎊至 310 鎊一呎 。租金從一房公寓每月 600 鎊，到四房獨立屋（每月 1,200 鎊）也有龐大的市場需要。

在這區回報約 3.5% 至 7% 不等，而對比於其他地方樓價升幅較為平穩。

不論自住或出租，都是非常好的選擇，因為附近學校（Spring Field Primary school）是全英國小學排名 578 位 （全國共有 14,980 間），在教育標準局（Ofsted）中被評為「優秀」（Outstanding)，而在上班一族角度看，交通購物方便，加上舒適的環境，絕對適合現代的人士。至於從一個退休人士，休閑的景色、交通方便、醫療齊全、社區活動多元化，絕對物超所值。

總括以上地點，各有千秋。筆者會選擇 Sale，因在長遠來説它是適合所有人居住，學校治安交通樣樣都是頂級。相信將來機場發展及 Trafford Centre 地區發展完成，Sale 的物業價格及租務需求會上升許多。

在曼徹斯特南部將會有不同重建發展項目。Sale 市中心是其中一個重點發展區域。

根據 2019 年 3 月地方政府成功審批的規劃申請，重建項目將包括拆除部分現有的購物中心，興建擁有六個大型電影播放場的電影院，並且規劃三萬七千平方英尺的商舖區域及康樂設施。

1

另外興建兩幢分別 12 及 15 層高的物業，以及 18 間住宅（Town houses）。該項目提供 202 個住宅單位，總面積為高達十萬四千平方英尺以及提供 337 個車位。

這工程可望將 Sale 中心成為其中一個重要的持續發展地區。目標能夠吸引更多年輕人居住以及應付未來曼徹斯特國際機場帶來的發展潛力。

1 Manchester City 景觀
2 曼聯足球場
3 City centre
4 Media City 電車

曼城及臨近地區市況分析

首先講講曼徹斯特購買房地產投資。

曼徹斯特是倫敦以外最大的經濟區，總增加值為 560 億英鎊。這座城市擁有兩支國際知名的足球隊、世界級管弦樂隊、電影和電視製作業，以及豐富的音樂遺產。但更重要的是，曼徹斯特成為 2019 年最受歡迎的房地產投資區域。

你只需要看看曼徹斯特（即將／未來）的天際線，就可以了解該地區蓬勃發展的房地產市場，以及正在發生的一系列改變。在 2014 至 2020 年 European Structural Funds programme 期間，大曼徹斯特獲得 4.14 億歐元（約 3.66 億英鎊）用於支持其區域發展；投資於企業、就業機會、教育和農業，這項投資有助於看到這座城市及其周邊地區，不僅得到了改善，而且徹底的被改變了！

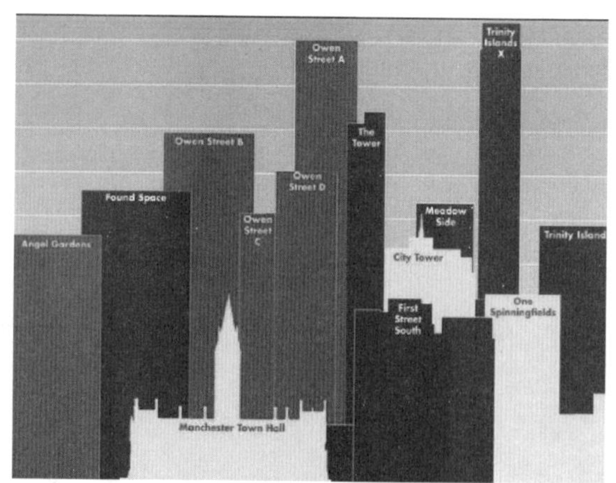

曼徹斯特的天際線（預計未來影像）
（Source: www.manchestereveningnews.co.uk）

為何投資曼徹斯特？

曼徹斯特是一座崛起的城市。在過去 5 年中，其技術和數字領域發生了巨大變化，曼徹斯特現在與歐洲最好的科技城市，並蓬勃發展。在這裡，各個領域的技術人員，創始人和初創企業家都有一個熱鬧的交集點。曼徹斯特成為一個國際化的居住地，實惠的物業價格、繁榮的商業、一流的休閒設施和良好的交通連接，為年輕的專業人士及其家庭，提供美好的生活方式。

設施

新的酒吧、餐館、健身房和商店無所不在，吸引成千上萬的人前來。對於定價較高的南方房地產家來說，曼徹斯特是一個明智的選擇：誰不想在一個持續發展且充滿活力的城市持有資產？

曼徹斯特的物業價值

雖然整個南部的房地產逐漸放緩，但市場的價值始終很難合理化。與此同時，曼徹斯特目前在房價增長方面處領先地位。然而，大曼徹斯特的平均房價幾乎是平均工資的 8 倍，想擁有及購入房屋就更難了。根據 Hometrack 研究統計，曼徹斯特的平均房價現在為 16.8 萬英鎊，與去年同期相比增長 6.6%。

曼徹斯特的租賃需求

2018 年 12 月，地區日報《曼徹斯特晚報》（Manchester Evening News，簡稱 MEN）的一份報告顯示，曼徹斯特的租賃市場正在蓬勃發展，需求旺盛，造就投資出租（Buy-to-let）回收的租金快步上漲。

MEN 發現，曼徹斯特的平均租房費用，在過去 4 年上漲 30%。根據 2017 年 10 月至 2018 年 9 月的數據，曼徹斯特仍然是大曼徹斯特中，租房費用最昂貴的自治市鎮（特拉福德 Trafford 在其後，其租金每月 775 英鎊）。與 2016/17 年同期相比，這數字增長了 7%。

報告稱，貝利（Bury）是增長率第二快的地區，過去 4 年租金上漲了 20%，緊隨其後的是索爾福德（18%）、博爾頓（17%）、斯托克波特（13%）和特拉福德（11%）。

投資大曼徹斯特

曼徹斯特市中心並不是唯一可供投資的地方。大曼徹斯特地區人口約 250 萬，由 10 個自治地方議會組成。曼徹斯特市是最大和最中心的城市。

大曼徹斯特 10 個自治市鎮各自由其地方議會管理。它們都通

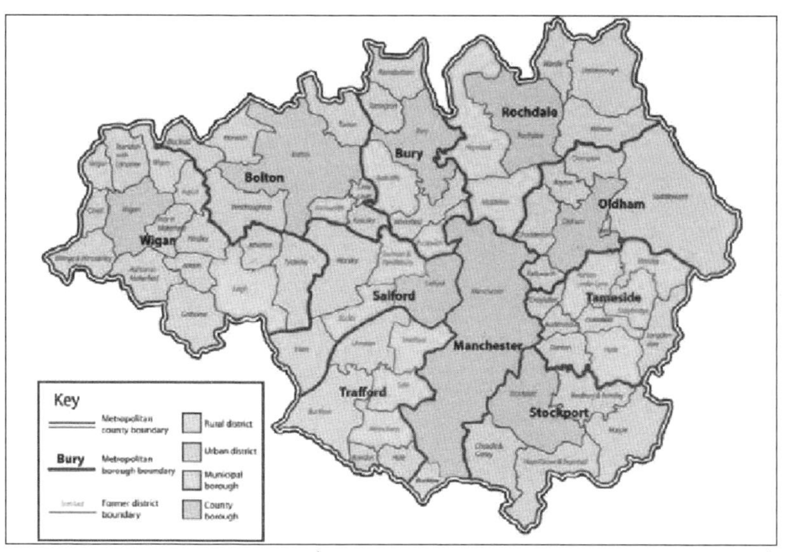

（Source: www.propertyinvestmentsuk.co.uk）

過大曼徹斯特市長安迪伯納姆領導的「大曼徹斯特聯合管理局」，在一些事務上合作，但每個理事會都有一定自由的程度，來執行中央政府方針。

a. 曼徹斯特（Manchester）

人口：54.1 萬

平均房價：18.3 萬英鎊（2018 年 10 月，HM Land Registry 數據）

曼徹斯特市不僅是大曼徹斯特的商業和經濟中心，也是整個西北地區的商業和經濟中心。在這裡有成千上萬的人在金融、法律、媒體和公共服務等高薪領域工作。這是一個快速發展的科技中心，Amazon 新的總部辦公室 GCHQ 很快就會搬到這裡。最重要的是，它是歐洲最大的大學城之一（約 10 萬名學生），也是文化、休閒和零售的熱點。

曼徹斯特擁有多元化的房地產市場，使其成為居住城市的最佳選擇之一。曼徹斯特擁有倫敦以外最大的房地產市場，擁有超過 5 萬名居民，因此你可以在市中心找到許多投資出租（Buy-to-let）公寓。M1 郵政編碼提供 5% 的穩定收益率。

東南部的 Levenshulme 和北部的 Newton Heath 等城市郊區擁有曼徹斯特最便宜的投資物業，擁有大量廉價房屋。在這裡謹慎購買還是有 5 至 6% 的收益率。迪茲伯里（Didsbury）是曼徹斯特南部最繁華的郊區，深受家庭和年輕專業人士的歡迎，價格也相當昂貴，因此 3 至 4% 的收益率算合理。

市中心以南，特別是 Rusholme 和 Fallowfield，是投資出租（Buy-to-let）的熱門購買地點，也受學生歡迎。主要是它非常靠近曼徹斯特大學校園。根據 Totally Money’s Buy To Let Rental Yield Map，這裡是曼徹斯特最好的購買區域之一，M14 區域的收益率超過 7%，而 HMO 類型的屬性可以返回 12% 或更多。

b. 索爾福德（Salford）

人口：24.8 萬

平均房價：16.5 萬英鎊

索爾福德直接毗鄰曼徹斯特市中心。成為曼徹斯特最受歡迎的買房區域之一。索爾福德也是一所大學城，也是學生重點投資出租（Buy-to-let）的熱門區域。

索爾福德的有趣之處在於，平均價格比曼徹斯特便宜約12%，這使得它成為逢低吸納者的目標。索爾福德（M3 郵政編碼）屬曼徹斯特市中心的一部分，卻有 6% 的收益率。

索爾福德的住宅郊區，如 Ordsall、Weaste 和 Eccles 也有一些令人驚訝的低價格（從 5 萬英鎊起），這意味著收益率最高可達 6.5% 左右。

索爾福德碼頭 / 媒體城區 Media City 是一個巨大的再生區（以舊碼頭區為基礎）。從 80 年代開始成立的英國廣播公司 BBC，在 2011 年搬遷到該地區。它也是洛瑞劇院 Lowry Theatre、帝國戰爭博物館 The War Museum 和 ITV 加冕街集的所在地。Media City 仍在擴展及開發新的商業和住宅項目，其產量與市中心相似，約為 5%。

c. 斯托克波特（Stockport）

人口：29 萬

平均房價：22.7 萬

斯托克波特位於曼徹斯特市中心以南，曼徹斯特的皮卡迪利火車站（Manchester' s Piccadilly Station）距離斯托克波特僅有 10 分鐘的火車車程，乘坐巴士最快僅需 20 分鐘，因此受到乘客的歡迎，而 Marple、Hazel Grove 和 Bramhall 等地方，就位於 Peak District 區的邊緣。

雖然斯托克波特市中心近年來受零售業下滑的打擊，但它正在進行 10 億英鎊的再生計劃。

Stockport 整體上是大曼徹斯特第二大最昂貴的自治市鎮，因此該地區的收益率約為 3 至 4%。

d. 特拉福德（Trafford）

人口：23.4 萬

平均房價：29 萬

特拉福德區從熱鬧的曼徹斯特市中心一直延伸到柴郡（Cheshire）的鄉村邊緣。它以曼聯的奧脱福球場（Old Trafford）、蘭開夏郡板球俱樂部場地（Lancashire County Cricket Club ground）和特拉福德中心（The Trafford Centre）的大型購物中心而聞名。

特拉福德也是特拉福德公園 Trafford Park 的所在地。特拉福德公園是歐洲最大的商業園區之一，提供數千個工作崗位。

特拉福德是大曼徹斯特最富裕的地方行政區，奧特林厄姆 Altricham 和 Sale 擁有該地區最昂貴的房產，因此產量緊縮至 3 至 3.5% 左右。像 Stretford 這樣的毗鄰區域仍然有很好的價值，平均收益率還有能達到 6%。

特拉福德是曼徹斯特交通最方便的地區之一，Metrolink 電車服務全天每 12 分鐘一班，可直達曼徹斯特市中心，也將有一條新的電車線路通往特拉福德中心 The Trafford Centre。

e. 貝利（Bury）

人口：18.8 萬

平均房價：17.8 萬

在曼徹斯特北部，Bury 聲名鵲起，包括擁有英國最大和最好的小販市場（約 400 個攤位），並成為貝利黑布丁（Bury Black Pudding - blood sausage）的故鄉。

Bury 是一個非常多元化的地區。Ramsbottom 和 Tottington 等北部地區位於蘭開夏郡 Lancashire 的半鄉村，收益率約 5%，但拉德克利夫 Radcliffe，懷特菲爾德 Whitefield 和普雷斯特威奇 Prestwich 等南部地區，深受曼徹斯特上班族歡迎。房價在這裡較高，因此平均收益率在 4 至 4.5% 左右。

Bury 有前往曼徹斯特市中心的直達電車共長 40 分鐘，沿途經 Radcliffe、Whitefield 和 Prestwich。

f. 博爾頓（Bolton）

人口：28.3 萬

平均房價：13.5 萬

博爾頓離曼徹斯特市中心最遠的城鎮之一，但這並不意味著它沒有好的地理連接。它正好在 M61 上、M60 附近。博爾頓不久後會有新的電氣化新超高速列車，連接曼徹斯特 - 普雷斯頓（Preston）鐵路。

繼斯托克波特後，博爾頓市中心是另一個受零售業衰退影響的市中心，這城市也正在進行 10 億英鎊的再生計劃。它也是曼徹斯特和索爾福德Salford以外，唯一一所擁有大學的曼徹斯特大城市。

與北部大部分自治市鎮城市一樣，博爾頓是曼徹斯特最便宜的投資物業之一。租金也具有競爭力，其收益率固定在最高4%左右。

g. 羅奇代爾（Rochdale）

人口：21.6 萬

平均房價：13.5 萬

與曼徹斯特周圍的幾個城鎮一樣，羅奇代爾是一個前紡織城，受到紡織業衰落的嚴重打擊。然而，有很多再生工程已經在進行。例如最近的一項計劃在羅奇河沿岸（River Roch）的市中心開闢一個智能濱水區（Smart Waterfront area）。

Rochdale 為投資者加分的是其交通連接：Rochdale 位於 Metrolink 電車網絡上，每小時多達 5 部快速列車進入曼徹斯特維多利亞 Manchester Victoria Station，正好位於 M62。巨大的 Kingsway 商業園提供大量就業機會，並正在進行擴張。

羅奇代爾是大曼徹斯特最便宜的自治市之一，擁有許多廉價房產。預期收益率約為 3.5 至 4.5%。

h. 奧爾德姆（Oldham）

人口：23.2 萬

平均房價：13.9 萬

雖然奧爾德姆距離曼徹斯特不遠，但它坐落在地理位置在於偏高的山區，但奧爾德姆擁有良好的交通連接，位於 M60 和 M62 高速公路旁，而頻繁的電車服務通過奧德姆各個區進入曼徹斯特市中心。

奧爾德姆鎮中心有 3.5 億英鎊的再生計劃。此外，像 Chadderton、Royton 和 Shaw 這幾個地方是受歡迎的住宅區，仍擁有良好的物業價值。該地區的產量一致，為 3%。

i. 維岡（Wigan）

人口：32.3 萬

平均房價：13.2 萬

Wigan 正好位於曼徹斯特和利物浦之間。儘管如此，它還是在大曼徹斯特範圍內。它也在 M6 高速公路旁，其物流和配送對於經濟還是起了很大的作用。

與維岡目前的一個障礙，是該中心與曼徹斯特沒有很好的交通連接，不過這問題有望將會得到解決，因為電車列車正考慮進入這個城市。Wigan 也將位於未來 HS2 線路的北端，距離倫敦僅 90 分鐘路程。

維岡算是大曼徹斯特最便宜區域，對於那些希望能夠在長期內有較大回報的投資者來說，這個地方值得關注。目前，大多數地區的產量至少可達4%，儘管WN1、WN2和WN3地區的產量為5%。

j. 塔姆塞德（Tameside）

人口：22.4萬

平均房價：14.7萬

Tameside是Ashton Under Lyne周邊的自治市鎮。在物業方面，它是大曼徹斯特較大的自治市鎮之一，也是一個多元化的地區。丹頓（Denton）和海德（Hyde）等地區都是郊區，而斯塔利橋（Stalybridge）、莫特拉姆（Mottram）和莫斯利（Mossley）等地區則非常鄉村，整個地區的產量通常至少為3.5%。

Stalybridge也值得關注，因為曼徹斯特到Ashton Under Lyne的電車線將延伸到這裡。該鎮已經擁有前往曼徹斯特以及西約克郡West Yorkshire的快速列車服務。

（備註：人口數據來自維基百科和國家統計局，房地產價格取自HM土地註冊局。）

個人 vs 有限公司

自從 2015 年稅制公布改變（不再計算按揭利息在支出裡），傳統的投資者開始思考究竟再用個人名義購買或公司持有。而根據統計，現在大多數的貸款都是由有限公司名下申請。這個轉變反映在稅制改變下，直接影響投資者的策略。

當你投資任何物業前，應當思考如何結構來應對不同的稅務計算，來得到最大盈利。我們在此只是提供分析及分享個人意見。如需專業稅務意見，請向專業稅務團隊諮詢。

那麼是否所有人都適合持有有限公司來投資呢？特別對海外買家來說，究竟什麼是最好的方案？特別一提，現時香港人是可以在英國開設有限公司來處理物業資產。

認清楚投資方針

究竟你是一位投資者還是炒家？如果你購買一間物業即時轉讓或進行改建增值，然後出售以獲得利潤，這樣你屬於炒家，應該使用有限公司來購買，因為用有限公司物業進行買賣交易時，所得的利潤是用公司稅務計算。（你可以在這個連結，找到有限公司的稅率：https://www.gov.uk/corporation-tax-rates）

如你使用個人名義炒賣，你所得的利潤會撥入個人入息稅計算，如高於某個上限，你的稅率將非常高（https://www.gov.uk/income-tax-rates）。

如購買後出租一段時間再銷售出去，你所得的利潤會被視為增值利潤，而不是個人入息。這是其中一個税務調整方法（https://www.gov.uk/capital-gains-tax）

如果你購買物業是長遠出租回報或等待一段時間升值，這樣你屬於投資者。然而你應當深入思考投資架構，因為傳統投資模式是用個人名義，但是因為税制改變導致很多採用有限公司。

那麼為何呢？讓我們一齊探討用有限公司投資的好與壞：

有限公司投資的好處：

1. 利潤税率

如果你投資的物業是用個人名義，在租務上面所得的利潤會被視為個人入息（個人入息包括你的工資）需要繳交入息税。如果有限公司所得的利潤，即由公司税負責。

以下是一個簡單計算方式，用 2019 年的税制舉個例子：
每間物業：
租務收入：每年 1 萬英鎊
支出：每年 2,000 英鎊（例如物業管理、貸款利息、維修等）
盈利：每年 8,000 英鎊
如投資者以個人名義購買，以及沒有任何工作或其他收入
2019 税率表
https://www.gov.uk/income-tax-rates

Band	Taxable income	Tax rate
Personal Allowance	Up to £12,500	0%
Basic rate	£12,501 to £50,000	20%
Higher rate	£50,001 to £150,000	40%
Additional rate	over £150,000	45%

物業數量	盈利	稅率	繳交稅金額	交稅之後盈利
1	£8,000	0	0	£8,000
2	£16,000	£3,500 (20%)	£700	£15,300
5	£40,000	£27,500 (20%)	£5,500	£34,500
10	£80,000	£12,500 (0%) £37,500 (20%) £30,000 (40%)	£7,500 + £12,000 = £19,500	£60,500
30	£240,000	£12,500 (0%) £37,500 (20%) £100,000 (40%) £90,000 (45%)	£7,500 +£40,000 +£40,500 = £88,500	£151,500

如用「有限公司」的名義持有：
2019 稅率：19%
https://www.gov.uk/corporation-tax-rates

物業數量	盈利	稅率	繳交稅金額	交稅之後盈利
1	£8,000	19%	£1,520	£6,480
2	£16,000	19%	£3040	£12,960
5	£40,000	19%	£7,600	£32,400
10	£80,000	19%	£15,200	£64,800
30	£240,000	19%	£45,600	£194,400

可以清晰看到當利潤增加時，公司稅會比入息稅少很多，所以長遠來說有限公司會較節省金錢。然而，如果你要將公司資金轉移在你身上（Dividends）也需要付稅，當然可以有效率地處理：例如分配給不同人士，而不高於他們的個人入息稅上限，或是留在下次購買物業等等。

2. 貸款稅務利息計算轉變

在 2020 年 4 月，個人投資者在計算利潤方面不可在減除貸款利息（他們可以要求基本的利息補貼），但如果有限公司持有，就繼續可以扣除貸款利息，這意味用個人名義購買物業的盈利增加，導致到繳交的稅款亦會增多。

3. 多元化遺產稅處理方法

處理有限公司的財產可以很多元化，你要用不同分股方式，建立信托基金等等，但建議還是向專業的遺產稅顧問咨詢。

總括來說，在長遠的投資方針，有限公司不論在稅制方面是有優勝之處。那麼為何也有些人選擇用個人名義投資？

有限公司投資的壞處：

1. 有限度按揭貸款選擇

對比個人物業按揭，在市面上沒有太多按揭公司，願意按揭給有限公司物業。大多數按揭公司會給有限公司昂貴手續費和利息，雖然偶然會有一些便宜計劃，但波動很快。筆者相信在未來，由於越來越多人用有限公司持有物業，這些按揭公司都是最後大贏家。

加上很多按揭公司需要有限公司的持有人個人擔保和財務證明，所以和個人名義借貸沒太大分別，只是在交稅方面有優勢。

2. 股息稅（Dividend Taxation）

所有公司盈利需要繳交公司稅。如果你需要將公司的盈利資金支出給你個人使用，那麼需要付股息稅。

https://www.gov.uk/tax-on-dividends

這是一個數字遊戲，需要思考如何運用金錢。有限公司可給你節省稅務，但另一方面也可增加其他稅收。

3. 額外成本和負擔

有限公司需繳交財務報告，這些報告可能需要由會計師來審核。這是一項額外成本，如由自己處理，會有很多文書的工作要做。

如何定義有限公司是否適合你？通常會思考以下幾點：

a. 了解你盈利多少：特別如果你想購買多間物業時；
b. 是否需要以靠物業收入來維持日常運作：還是儲存在公司裡以便日後擴大業務；
c. 是否用槓桿原理來增加物業及盈利；
d. 投資物業最終目的：給你自用還是留給下一代；
e. 如何放售。

以上只是概括基礎，如需要就應該尋找專業稅務顧問和會計師來設計一個完善的投資物業架構。

英國物業類型

當你尋找適宜的投資物業，除了地區，其次就是哪類型的物業。需要思考自己的投資方針，哪種物業類型對你的未來發展、風險評估、承受壓力等作評估。投資類型如住宅、商舖、貨倉、辦公室、車位、地皮，每種類型都有其獨特處，由它們當時的市場價值及需求，通常建議分散投資，因為單一投資類型因而時間改變，其回報利潤會受影響。

那香港和英國有什麼區別？

香港人喜歡炒賣物業，英國投資者及市場適宜長遠投資回報。英國稅制多元複雜化，但總括來說離不開買樓收租、炒樓、劏房、自己做個發展商。到最終都是看投資多少、回報多少、用多少時間等等因素。

投資物業多元化，擁有不同的市場價值：

1. 辦公室物業

通常為位於市中心或方便白領人士上班的地方，不但物業保值，它們也提供長遠租務回報，因為每間企業需要不同大小的辦公室，而傳統企業例如金融、會計師行、律師樓、管理公司，他們通常需要較大面積和私人會議室。

另外，現在很流行的Service office（共享工作室），由於設備齊全、裝修企理，短期租約，租金全包水電媒。計算方式通常是用每張枱計算，所以很多新一代企業家，都喜歡租借這類辦公室來開始業務。

2. 商舖物業

商舖物業包括購物中心、超級市場、個人舖位等。不同種類商舖有不同物業牌照級別，因而價錢及出租價不同。通常交通方便和飲食商舖較受歡迎，大小不定但最好有不同的人流。舖位租期通常為 3 至 10 年。和出租住宅不同，如果租客不繳付租金，可以多選擇處理，趕走租客速度較快，租金回報比起辦公室較為穩定。

3. 工業物業

工業物業例如貨倉、工廠。雖然投資回報未必高於其他，但在管理或維修方面，費用就遠低於其他物業類型。要注意方面是該物業的使用策略，例如道路交通方便、上落貨地方、車位，這類物業的呎價會比其他物業便宜一些。又因為用途有限，更要注意這區的未來發展，例如是否有重建項目，重新規劃交通配套地方等。

4. 住宅物業

和其他物業種類不同，住宅需要由業主自行維修，如有出租要確保合乎政府的入住要求。例如防火、電力安全、環保節能等等。可是住宅物業是最穩定的回報投資，因為不論經濟環境如何，人們總要住宿。正所謂「衣食住行」，住宿在任何時代都是不可缺少。

不論是購買自住或出租，只要一個正常住宅，也有它的一定需求。在之前已經討論了住宅短缺問題，所以我們不會在此詳細探討，反而探討多些關於住宅物業的種類和他們的特性。

除了 Freehold 或 Leasehold 性質之外，英國常見物業類型有：

a. Bungalow：可視為 Cottage 的類似類別，通常是一層過模仿印度式建築，價錢實惠，可以是獨立或是半獨立擁有，適合不想行樓梯的人。
b. Cottage：普遍給人的感觀是鄉村屋，和 Bungalow 一樣是通常一層，但它的閣樓會有多一些儲物空間。通常建築成本較貴，但現在不太常見這類物業。
c. Terrace（排屋）：一排很長的屋連在一起，樓底高，大多數兩層，有一些還有地牢。結構方面通常窄和深。

d. End of terrace（排屋的邊屋）：一面是和其他物業連繫，另一面獨立，好處是多些私人空間，通常獨立一面是用來加建項目。
e. Semi-detached（半獨立屋）：獨立屋劏開一半，其中一邊牆連接另一邊牆。
f. Detached（獨立屋）：是個獨立物業，沒有和其他物業連接，私隱度較大，然而也比其他類型物業昂貴。
g. Town house：通常和排屋一樣格式，只是三層高的物業。
h. Apartment（公寓）：通常在市區或交通方便地區找到，有開放式至 1 至 3 房公寓也有。在市中心通常公寓較多，很少找到其他類別。公寓通常適合於上班一族、學生或沒有家室的人。

5. 其他事項注意

a. 保育物業

英國很注重保育，很多英國物業過百年歷史。在法律，這些物業需要保育。業主需依照保育的地方維持它們的狀況。很多人認為是全部地方，但實質上可能只是某一些小處。例如窗門、門框、屋頂、樓梯、外牆等等。

這些資料可以從政府的網站查詢。但無論如何保育物業，會成為業主其中一樣長遠負擔的支出。可是並非不購買這些物業，而是購買時需要更加了解裡面細節，建議尋找相關的專業人士，計算所需要保育和支出。因為這些保育物業通常比新的物業便宜一些，和可能有它的獨特發展潛力。

b. Freehold vs Leasehold

英國物業業權分兩大類：Freehold（永久地契）和 Leasehold（租契）。

(i) Freehold：

擁有永久業權，這些物業的所有土地及建築屬於永久業權者，可以向政府在該土地上興建或加建（當然需要相應的程序及申請）。

Freehold 通常是非公寓的物業，如屋、大廈、地皮、貨倉等。舉例購買一間英國排屋（Terrance house）後，重建翻新向政府申請分開 3 間公寓（Apartment)，這 3 間公寓擁有自己的 Leasehold 業權。

Freehold 有權向 Leaseholder 收地租（Ground rent），通常是每年支付，約 250 至 350 英鎊吧！至於物業維修會收取物業管理費（Service charge），通常是由 Freeholder 委任某些公司負責。

(ii) Leasehold：

對香港人並不陌生，因為基本上所有公寓大廈的公寓都是 Leasehold（業權）。只是業權可得的年份不同，在英國新的公寓業權通常是 125 年以上，也有一些 999 年。

我個人認為建議年份不是太重要，只要購買時年份不少於 50 年，不影響將來按揭或買賣就可以。當然，當年份完結的時候，可以申請延長但視乎 Freeholder 的決定。通常申請時需支付續約費用，會由估價費來調整。

但是近來很多人反映在地租，物業管理費、保養及維修費，甚至出租自己的物業，受到 Freeholder 或相關人士的刁難。

所以請注意以下幾點：

- 地租：需要每年支付給永久業權者（Freeholder)。費用可以調整，通常每 10 年調整一次，並以當時的增幅及通脹調整。在租期裡面寫清楚調整的計算方式，和最大的增幅。但近來很多陷阱，在條文裡面説明可以 1 年調整一次或 10 年調整一次，甚至乎調整可以是雙倍地租，或沒有任何規限限制。這意味隨著樓齡增加，地租增加導致回報減少，大多數銀行已經表明不會貸款這類物業，導致本地二手市場難找人接手。

- 管理費：和香港一樣，需要提交管理費。管理公司的責任需要為該大廈管理妥當，所收費用理應實報實銷，管理公司通常收取 10 至 15% 行政費，可是大部份管理公司透明度低、沒效率、沒責任心，導致很多小業主不想支付管理費，因而沒有管理費，所以大廈管理不善，形成惡性循環。

最離譜是，如不繳交管理費，管理公司會找追數公司向你直接追討管理費，並加上非常昂貴的罰款。

所以，近年很多小業主會自行組織公司，自行管理自己的大廈，但需要大部份的業主認同，轉讓管理公司給小業主自行管理需時及不少的律師費（大約每戶 160 至 200 鎊）。最難處理的，就是非常難聯絡到每個小業主的來達成共識，所以管理公司通常會由大業主委任。

- 保養維修：小業主只是履行維修自己公寓就可以。大業主會安排管理公司負責小業主以外的地方維修，但維修費會交由小業主攤分。要注意的是：維修的費用是否合理，有沒有向不同公司格價，而維修地方是否真的需要你去支付，還是只需要某個事主支付。

- 其他限制：在改動物業方面，例如間房可能需要大業主同意。用不同的窗簾布也有可能受到限制因為可能影響外觀。甚至在出租單位方面，每次出租都要徵求業主同意，或許要支付每一次新住客的入住費用，約 100 至 200 鎊，這些條文必須仔細閱讀及計算在物業回報裡面。

c. 凶宅

凶宅對華人來説是一個大忌。可是外國人沒有受到什麼影響。在英國要查詢凶宅的方法不多：通常透過向賣方查詢、問鄰居、閱讀有關地區的資料。凶宅未必便宜，相反和普通住宅未必有分別。如果買來出租回報而不是自住相信沒有太大影響。

d. 政府住宅物業

英國政府住宅物業通常只租不賣，特別供給有需要資助的人士，但如達到某個年份或條件便可向政府購買該物業。政府可以非常便宜的價錢銷售，但是可能有特殊條件。例如需自住不可出租。

e. 劏房

香港有劏房，英國也有英國式的劏房。通常會以一間物業分房出租，每間房間或許有個人洗手間和沖涼房，但普遍是共享洗手間、廚房、花園等。

規格方面，每個地區都有申請劏房的牌照方法和要求。普遍是如果一間物業裡有三個沒血緣關係的人，居住在一起的話，就需申請牌照。牌照的批出視乎當地政府部門。有些地方政府已經表明立場不會再批發牌照，所以購買或申請時最好問問當地部門。

劏房的物業對於每一間房間大小、廚房規格、功用空間等都有一定指標，以確保安全、擁有個人空間、衛生妥當等等。

普遍外國人會將一間三房排屋，變成五至六房劏房再分租出去、回報可比普通房屋出租一倍或以上。

租金方面，大致每間房 350 至 450 英鎊，費用已包括所有費用，例如水電煤和 Council Tax。

住客可以很多元化，通常學生、單身人士、打工一族也有。目標只是便宜、有瓦遮頭、方便出門，可當作為臨時居所。

劏房的需求視乎當地發展，例如當地已經有很多學生宿舍，那麼學生會選擇學生宿舍優先。又例如當地政府或人民已經很富裕，那就沒有劏房的必要。

劏房的最大收益是分租，通常購買一間物業，然後翻新變成劏房，我們會在之後繼續討論和進行分析。

如何購買英國樓？

對外國投資者，投資英國物業的途徑和方法很多。在物業類型方面，有以下分類：

- 現成樓宇（普通住宅）
- 在拍賣會上購買物業
- 在市面上找不到的物業
- 樓花

在本章中，筆者會跟大家詳細探討各類物業的好壞。不管大家最後用什麼方法物色心儀物業，最終還是要看是否能夠達到以下目的：

- 炒賣價值
- 長線投資
- 翻新增值

不同的目的，自然需要有不同的應對策略，但有一些策略是彼此共通。筆者在本章會逐一列明，供大家參考。

買樓程序

無論你是本地或海外的買家，在投資英國樓時都要遵守一系列法定的程序：

1. 基本購買樓宇程序

a. 鎖定個人預算

除了買樓費用外，還有律師費、經紀費、税務等。給自己一個總數上限，建議預算鬆動些，以免突如其來的雜費令自己失預算。

b. 了解申請房屋貸款的能力

不要聽、不要估，建議去貸款公司直接去問自己的貸款額有多少。貸款公司會以你的個人負擔壓力測試計算，從而得知投資上限，以及給賣方證明你具備購買該物業的能力。

c. 搜索物業

當知道自己可承擔的上限後，便可以開始尋找心水物業。當然，除了金錢上限外，投資者自己也要列出自己的要求，如：單位的類型、地點、大小、樓齡等。

d. 安排睇樓

如許可的話，盡可能要求安排睇樓，以免單位的照片跟實際有嚴重的落差，現場睇樓更可以知道有沒有裝修的需要，以及需要作多大程度的翻新。

e. 出價還價

提出你願意支付的價錢及條件，當然賣方同樣有權還價及提出其他的條件。為助雙方達成共識，中介的角色就變得非常重要。

f. 銷售同意

買賣雙方同意價格後，中介可能會在中間收取少部份的按金。中介會提供一份 Memorandum of Sale 給買賣雙方及律師，入面仔細列出成交金額，以及其他條款等。

g. 律師程序開始

Conveyancing 是必須進行的程序。很多附屬文件需填寫及處理。通常找一個事務律師就可以減輕負擔。事務律師會代你和賣方及有關人士進行溝通及處理文件。

h. 完成貸款申請

當確保賣方願意售出及律師準備好，如果需要貸款購買物業，那你需要通知你的貸款公司，又或者中介會開始填寫物業資料及開始申請，當中貸款公司會考慮多方面因素，如樓價市值、 個人還款能力及其他涉及風險的地方。

i. 貸款公司股價

當貸款公司接獲你的申請時，如經初步審核沒有問題，下一步貸款公司會安排人手將物業估價，並評估風險等。

j. 貸款公司金額批文

貸款公司審核完，便會發出貸款批文，以説明貸款金額及保障內容等。通常批文有效期為半年。律師之後會開始進行完成交易程序。（如不需要貸款，便可以直接開始交易程序）

k. 賣方草擬合約

賣方律師會草擬一份買樓合約，包括地契及其他文件，給你的律師審核。

l. 買方律師審核內容

當你的律師收到賣方律師的資料，便會開始進行調查。

m. 律師進行調查

你的律師會進行基本調查，如：土地註冊處和 Local Authority 資料。以往的規劃及建築證明，審視任何可能損害及威脅房屋的風險（如地質、街道、河流、水浸風險或房屋附近潛在的評估）。

n. 保險

購買房屋保險或家居保險是個人決定。法例上沒有規定一定要買，但如果使用貸款購買物業貸款公司，通常都需要投資者購買指定的保險。

o. 簽署交換合同

雙方律師會進行一系列的調查及資訊，當差不多完成，就可以開始交換合同，並簽署 Sign exchange contract ，你的按金會儲存在你的律師準備完成交易程序，合同中也列出雙方同意的完成交易日子，通常要求支付 10% 作交換合同。

簽署合同後，法律上已經開始保障雙方，賣方必然賣給你，但如果對方反口，不履行完成交易程序，那麼他們需要賠償給你。（注意：交換合同未必是完成交易程序，因為可能有一些地方需要進行處理，之後才可以完成交易。）

p. 完成交易

當律師確保法律文件齊全，及沒有什麼需要處理後，買方就支付餘下金錢，完成交易。

q. 完成程序

你的律師理應將你的個人資料，以及物業登記在政府的田土廳，並安排鎖匙領取等。

2. 買賣樓宇程序要多少時間？

一般為 3 至 6 個月。如有需要可以快一些，但律師未必可以處理相應的文件，所以需要買方簽署同意書。通常拖延的時間原因是：

- 買賣雙方的律師沒有溝通
- 律師和客人之間沒有溝通
- 難以攝取資料（例如管理公司資料）
- 調查過程中有難度

總而言之，在英國買樓所花的時間，遠高於在香港和中國。

3. 買賣樓宇有什麼費用要支付？

買賣樓宇不是只是支付按金及律師費，還有很多雜費要處理：

- 借貸費用
- 律師費
- 測量師費用
- 印花稅

4. 律師費用（Conveyancing）

視乎物業價錢及地區，通常由 400 至 1500 英鎊不等（視乎複雜性），途中可能會額外收費用：

- 加急完成費（Expedited completion Fee）
- 其他規劃文件（Additional planning documents）
- 法定申報費（Statutory declaration fee）

此外，還有 Acting for Lender Fee、Help to Buy Fee 等費用。

5. 額外需要支付的費用，如：

- 登記地政處（Land Registry Fees）
- 物業調查費（Property searches）
- 專款費（TT Fee）
- 文書費（Office copies）
- 業主通知費（Landlord notice fee）
- 地租及管理費（Ground rent/Service charges）
- 印花稅（Stamp Duty Land Tax，SDLT）

6. 印花稅

在英國及北愛爾蘭，當你購買物業時，你需付印花稅。然而有關當局會視乎個人情況，印花稅有不同上限及處理方法。大家亦可到政府網站，尋找資料及計算方法：

www.gov.uk/stamp-duty-land-tax/residential-property-rates

政府將從 2021 年 4 月 1 日起，對非英國居民從現行的印花稅計算另外再附加徵收 2%（Surcharge）的印花稅。

7. 貸款估價費（Mortgage valuation fees）

如需貸款，貸款公司會自行評估物業價值。他們會用自己的測量師來估值，所需要費用由買方支付，費用約為 150 至 700 英鎊。

8. 安排費（Arrangement fee）

貸款公司會收取安排貸款費用，付款方式是以一個實價或借貸數目的某個／指定的百分比來計算。

9. 貸款中介服務費（Mortgage broker fee）

貸款中介能給你多元化的貸款選擇建議，理所當然它們需要收取一定程度的費用。

10. 測量師費用（Surveyor's fees）

如自聘測量師，你所需支付的費用，會視乎所需的報告程度：

- HomeBuyer's Report：給你有關物業的大概情況，通常普通物業足夠使用該報告，費用大概 350 英鎊。

- A building survey：仔細報告。通常使用在一些較殘舊的物業，費用最少 500 英鎊。

11. 維修和保養

剛購買物業時，如需為該物業在不同時間進行保養和維修，以及處理不同的單據，例如：

- Utility bills
- Council tax
- Insurance

總括來説，買樓要支付的收費項目很多，但是多是少還得視乎個人需要及單位的複雜程度。筆者建議如有需要就應支付，以免日後後悔莫及。

按揭購買知識

關於按揭購買知識：槓桿。所謂槓桿，對於香港人並不陌生，用最少的金錢借最多的貸款來購買物業。

不少海外買家都以為自己不能在英國申請貸款，其實是錯的。無論是來自香港抑或中國的投資者，均可申請貸款。至於成功與否，當然要視乎申請者所提供的個人資料而定。

通常大銀行（如匯豐、東亞、中國銀行、上海商業銀行），都有提供海外業主的貸款服務。當然海外買家的借貸利息，會比本地買家高，相差約 1 至 2%。

1. 貸款公司是如何審批申請？

a. 貸款公司需掌握的基本資料：

貸款人需通過財務壓力測試，貸款公司會較關注對以下幾項：

- 申請者會付多少首期
- 借款上限
- 收入：工資收入、物業出租證明（需提供證明）
- 支出：申請者任何支出、月費單、其他財務支出承諾等
- 儲蓄

b. 所需文件

如以個人名義申請貸款，申請人需提交以下文件：

- 工作糧單（最近 3 個月或以上）

- 銀行財務證明 （最近三個月的銀行往來記錄）

如以公司名義申請貸款，申請人需提交以下文件：

- 公司業務
- 最近兩至三年的財務報表
- 存款及支出證明

不論你是購買物業或翻按物業，當初步文件通過，貸款公司需評估該物業的價值。評估是視乎評估者的角度，通常會使用第三方公司。

c. 普通估價：

當測量師檢測物業時，會指出是否有任何事情影響物業價值，如：損壞程度、物業年齡、地區性等，從而對比附近的類似的物業價值，有關人士會將這些資料寫成一份物業估值報告。

如果你想對你的物業有更深入的了解，可深度進行測量報告。報告分兩種：

- Homebuyer 報告：一份詳細報告，提供有關影響物業價值的報告，如物業有什麼缺陷、未來需要維護的地方、維修成本等資料。
- Building Survey 完整的建築物報告（前稱結構報告）：報告對一些古舊、殘舊和甚至特別的物業很有用。報告能提供該物業的全面狀況，並詳細分析及分類，包括任何結構性的問題，必要的維修及維護開支等建議。對於較舊、較大或非傳統的房產非常有用。

雖然貸款公司不一定需要這類報告，但這些報告對投資者日後或購買之前，能對物業有多些了解。

另外如果購買蘇格蘭的物業，緊記諮詢個人律師或賣方是否有三個月的家居報告（Home Report）

d. 價值報告（Valuation Report）：

測量師會給個人意見及對該物業的價值。如物業需進行維修或價值比預期少，貸款公司可能會減少貸款額。如價值報告反映物業的價值不太理想（銷售價高於估值報告），貸款公司會審訊報告內容，可能會建議買家重新考慮該物業的價值。

e. 貸款批文確認：

當估價報告完成後，貸款公司會進行最後檢查，之後會發貸款批文，確認書給你的律師。當然在完成交易之前，投資者有權更改貸款內容，如首期金額、按揭還款方式等，亦有可能需重新審核。

f. 完成交易：

當你購買物業時，你的律師會檢查他們需要的文件。當律師確認交換合同和完成交易的日子。你的首期需要在交換合同的日子預備好。在完成交易的日子，律師會出 Certificate of Title 文件給貸款公司，之後貸款公司將貸款金額傳到你的律師戶口。然後一齊轉賬給賣方的律師完成交易。

2. 常見問題：

a. 當申請者完成貸款表格還給貸款顧問，下一個程序是什麼？

貸款顧問會給貸款公司審核所有資料，必要時會向你追加更多資料，中途也會給你進度表。

b. 需要多長時間來安排測量師估價？

首先需和業主和測量師達成一致共識去測量物業。這中間的安排通常需要 1 個月左右。

c. 估價報告需多久才完成？

視乎貸款公司和測量師的進度。通常一至兩星期後，就可以有一個基礎報告。再過一至兩星期，貸款公司會給你恰當的回應。

d. 貸款批核有效日期多久？

三至六個月不等

e. 貸款的還款日期由何時開始計算？

視乎你跟貸款公司的協議

f. 有什麼物業貸款公司是不會採納？

雖然每間貸款公司的方針不一，但以下的例子通常較難成功獲批：

- 舊樓翻身物業
- 單位少於 300 呎
- 公寓大廈下面有商舖
- 結構性問題
- 整座大廈的海外投資者數量，多於用家（本地自住）
- 同一座大廈有過多的申請者

租賃產權

首先租賃產權（非永久業 Leasehold）是指非永久的業權者，故需支付管理費及地租，以及因應永久業權者的條款來配合。

在早期，英國租賃產權並不十分普及，例如一份報告中就指出，英國在 1996 年就只有 22% 的新建的房屋出售屬租賃產權。但到了今天，數字已急升幾倍，在倫敦甚至九成以上新建的出售房屋屬租賃產權。

根據 DCLG（Department for Communities and Local Government，英國社區及地方政府部）的公開統計報告中提到，在 2014 至 2015 年間，英國及威爾斯共有約 400 萬個租賃產權物業，當中 57%（280 萬個）是自住，43%（170 萬個）是用來出租投資。其中，公寓佔 70%（280 萬個），房屋佔 30%（120 萬個），雖然這已是 2017 年的報告，但相信租賃產權公寓及投資出租業主，在未來會明顯增長。

在英國的不同報章也提到，租賃產權經已成為一個相當嚴重的問題。

根據英國的 Home Owner Alliance（業主聯盟）在 2017 年進行的問卷調查，結果發現五成的受訪者均認為，現時的租賃產權制度出現了一個非常嚴重的問題（包括物業管理及地租）。

問題在哪？筆者在以下列出的，僅屬冰山一角：

1. 當出售物業時，才發現租賃產權的條款裡，有不同對出售該物業的限制的條款，導致不能隨便出售
2. 為吸引投資者，用 999 年租賃產權，但往往未有在細節中說明，每 10 年升兩倍地租。（留意：999 年不代表永久業權）
3. 越來越多的貸款公司，不願意借款給投資者租賃產權物業。原因可能是年期、地租太貴或租賃產權的條款，導致貸款公司欠缺信心。
4. 永久業權轉讓給第三方，導致之前的租賃產權條款承諾不需要負擔。第三方可隨時加服務費和地租。如物業有包租方式，這種轉讓也有可能避免交租的責任。

那麼，投資者該如何提防？暫時是沒有的，因為越來越多物業是租賃產權出售，英國政府還沒有具體方案來應對。所以，投資者當購買租賃產權房屋物業時，緊記要求律師詳細解釋租賃產權條款，是否會保障往後的事情。

另外，投資者最好向一些有保障的大型公司購買，而不是選擇一些出名的代理中介。

現金購買物業小知識

1. 現金購買物業的定義：

投資者可以購買該物業，而不需任何借貸或貸款需要。

英國的本地人普遍通過按揭買物業。沒有太多本地人有足夠的現金購買多間物業。然而對於海外買家（特別是來自香港和中國投資）來説，除了倫敦，其他地區的物業大多數是10萬至30萬英鎊。對於這些投資者來説，現金購買是沒有任何壓力。

然而，現金購買有什麼好處和壞處？

2. 好處：

a. 不成功的交易率減少

由於現金完全付款交易是直接成交，不需通過按揭公司（如銀行審核程序）。交易理應順暢及快捷，因不需顧及買方的財政問題。

b. 不需顧及複雜的連鎖效應

在英國有一些買方可能需要銷售自己的物業，然後才有錢來買想投資的物業，造成連鎖效應，不論是買賣雙方都需要時間及處理各自的物業。現金交易就免除這麼繁複的可能性。

c. 成功完成交易速度較快

由於不需要按揭，交易比較直接。因為按揭需要最少一至兩個月時間，來完成審核程序，也需要物業測量師評估物業價值等等。

然而，現金買家他們的金錢已經隨時準備轉數給律師，也不一定需要測量師評估物業。

d. 議價好時機

由於現金購買較快捷，很多賣方也喜歡，所以在議價方面一定會有一些優勢。不妨嘗試由減 20% 開始商議價位，慢慢把售價拉低，一般情況下可以減去售價的半成。在普通 15 萬左右的物業通常可以減 5 千英鎊或以上。

3. 壞處

雖然成交較快，但是也有不好的地方，例如：

- 資金流動減少，使不能多元化同時投資多個不同物業
- 賣方不喜歡因為通常會給壓價，所以寧願等高價時才銷售，以致買方得不到心儀的物業
- 有一些物業只接受現金購買，但可能該物業是有一些問題

總括來説，現金購買是一個方便快捷的方法，但需要緊記調查好該物業的狀況，才好完成交易。

炒樓手法

英國人的投資方針，通常以長線投資為主。那麼在英國炒樓有得賺嗎？有，但筆者相信由炒樓所得的回報及幅度，沒有香港或中國那麼多。

1. 方法：

a. 炒樓花：在還未完成交易前，售給下一位買家，從中賺取差價及不需要支付印花稅，但當中需支付兩次的律師費。

b. Back to back（摸貨）：通常適用於一些現有物業，業主和你交易同一時間，你和另一位買家交易。通常從業主手中得到較便宜的價錢後，轉售給另一位買家較高價錢。雙方律師要配合時間，同時緊記律師文件上會顯示轉手的原始價格。

c. 如果想爭取時間轉售或炒樓，便可使用「附條件的合約」，例　如：Optional agreement、Subject to Planning/Condition

2. 注意事項：

a. 所選擇的物業，確保能夠容易交到下一位買家；

b. 相熟律師配合；

c. 可能現金購買，能夠節省律師時間；

d. 了解市場動態；

e. 計算所得的利潤及時間是否相等；

f. 如果不能轉手，有什麼打算。

雖然市面上有些說法，指炒樓可賺取一倍價錢，但從經驗面而言，靠炒樓賺的利潤大致 10 至 30%，需時約 3 個月。由於時間需時及沒有必買必賣的合約及雙倍訂金等條文，這樣對於炒樓的買家風險提高，所以如果沒十成把握，就盡可能不炒樓宇為上。

因而購買物業之後翻新，使物業增值，這是英國常用的物業賺錢方法之一。投資者可根據市場數據及案例，看準時機出手。因為有數得計，加上投資者可以自由安排時間去處理這些買賣。

如何避免買到爛尾樓？

爛尾樓的定義，跟我們不時在香港的報章中聽到的一樣，都是指一些物業，雖經開發但未完成——而買方經已支付部份金錢。

1. 爛尾樓的結局通常是：

- 發展方宣告破產，一走了之，律師追數無了期（因通常是用有限公司的名義持有發展項目）
- 買方在該項目是第一債權人，但不知所措，不知怎樣處理
- 買方需承擔該地皮或物業的保養
- 有第三方以低價回購該爛尾樓宇，買方唯有接受「輸少當贏」，但想不到這第三方其實都是他們的一份子。

2. 如何預防：

- 交換合同的訂金（Exchange）有什麼保障，通常是會補10% 的總額，所以如果賣方要求 30% 或以上，就要留意為何他們要這麼多的金錢
- 需留意及提防如果使用你的金錢來完成項目或支付佣金
- 該公司有沒有其他項目已完成
- 有沒有其他擔保
- 儘量使用自己可信靠的律師團隊

過往英國也有不少爛尾樓的新聞，但通常發現也是賣給海外買家為主。如果是好的發展項目，通常本地及海外也有銷售。

a. 案例一：收訂金後一走了之

樓花常見的個案通常如下：

- 在未完成項目之前，收取了 50 至 80% 的交易訂金
- 訂金説明用來建築物業的費用，所以售價不能降低太多
- 所支付的訂金還有少許利息回報

發展的地盤也會開始動工，但通常會發生以下事情：

- 發現動工的費用不足，需要由業主支付
- 動工的公司出現問題，需聘請另一間公司
- 所收取訂金支付不同的所謂「建築費」，但不知去留
- 最後清盤留給業主地皮或發展項目的第 債權人，但遠遠不能彌補他們所支付的訂金

那麼如何預防呢？

- 便宜莫貪
- 如公司有實力，就不需用訂金來興建，他們理應可以在銀行借貸
- 發展商應小心使用訂金及控制使用幅度；律師應謹慎訂金／買賣條約，避免發展商濫用訂金，作為其他建築以外的開銷

b. 案例二：完成後手尾多

通常物業完成後，會有第三方公司進行評審及確認完成。有案例該物業半年後出現以下的問題：

- 大廈防火設施違規及未達到現時新設的標準
- 電梯損壞但是原先安裝的公司不能維修。因為發展商或拖

欠安裝費。（發展商很多時會外判不同的地方及其他公司處理）

- 多方面的漏水
- 防火通道沒有處理
- 排水管出現問題
- 電線錯配

那麼多問題投資者理應可以索償，但是發覺有以下的難度：

- 發展商已清盤
- 大廈大業主已轉售給其他人
- 第三方評核公司原來是一間小型公司也在被其他機構控告，律師也束手無策，唯有嘗試控告發展商負責人，但相信所追到的金錢亦有限。

那麼如何預防呢？

- 多找一個第三方公司進行評估
- 購買多重保險
- 留意合約細節，嘗試鎖定發展商，令對方不能一走了之

c. 案例三：迫遷

通常發展項目完成後該物業的大業主通常是發展商或其有關係的人士擁有。

起初沒有什麼太大的問題，會履行他們項目的承諾例如：

- 租金回報：在每季一定回報給業主
- 物業管理租務：沒有什麼特別增長

過了大約一至兩年後通常發生：

- 該發展商倒閉
- 該租金回報公司倒閉或開始沒有支付租金
- 物業管理公司倒閉以致大廈沒有管理
- 大業主將業權轉手，或者宣布倒閉

這種情況下導致該大廈沒妥善管理，令多方需即時處理，如：

- 尋找適當的租務公司：但作為海外買家怎樣能夠尋找適合的租務公司，加上是否不同業主尋找不同的租務公司呢？
- 尋找物業管理公司處理物業問題：可是通常物業管理公司是由大業主委托，如大業主破產或已倒閉，那麼誰有委托權？小業主們理應沒有權利，除非在法律上申請小業主自行管理大廈，但申請需時及也需要大業主在委員會當中。

那麼誰是最大得益呢？

- 這時有第三方嘗試向破產委托人員購買大業主的業權，然而小業主也可以出價購買。
- 可是最終會有不知名的第三方購買了。（該第三方通常是和之前的大業主是一夥人）
- 新的大業主會盡快進行大廈管理，會列出一系列昂貴的裝修費用
- 小業主通常沒有選擇之下
  －支付昂貴費用
  －不支付不合理的費用
- 不論怎樣物業管理費已經要求小業主提交，如果不交付就是違約，大業主會嘗試用法律途徑收取該業主住的單位。

- 就算小業主支付費用，但是新的大業主會用不同方法使到小業主的物業不能出租。導致小業主放棄該物業。

可悲之下所有的小業主的物業在不同情況及時間下，轉讓給新的大業主，之後再銷售單位出去，再重複以上的事件。

那麼如何預防呢？

- 盡可能持有大業主的業權
- 要團結小業主來爭取大廈管理權，但需支付律師費，通常是 150 至 250 鎊一個單位。

但經驗所得，須知預防方法但是也相當困難預防。因為通常小業主不是同一個國家，也非常困難團結一起。

總括來説，不能只以靠律師處理問題，因為律師不是專業詐騙集團，他們只是憑經驗及法律的下進行有限度的審查。需要多咨詢、多方面保障自己的投資，方為上策。

睇樓注意事項

在英國睇樓跟其他國家相若，一座樓宇或單位通常分：

1. 外圍環境
2. 物業外圍
3. 物業內部

1. 外圍環境包括：

a. 交通：

- 有什麼不同的公共交通
- 高速公路在哪
- 城市的出入時間及方便程度
- 附近的人的交通使用方法

b. 居住環境：

- 什麼種族的人較常出沒（及為何）
- 什麼類型的人士居住（上班族、退休人士、家庭人士、政府資助人士）
- 配套設施（超級市場、娛樂設施、學校配套）

c. 治安記錄

以上資料都可以在不同的網站找到數據。

2. 物業外圍：

a. 物業的年份及保養期

b. 外牆物料：是否通風、怎樣打理、翻新記錄

c. 樓頂：翻新記錄、漏水情況、保養途徑

d. 安全：

- 有什麼途徑能夠前往屋裡面（如前門及後門或窗戶）
- 街燈光度
- 是否有煤氣管道

e. 花園及車房打理狀況

3. 物業內部：

a. 是否有違規僭建或加建

b. 任何漏水跡象

c. 洗手間的通風系統

d. 廚房的去水位置

e. 牆壁或天花板是否有裂痕

f. 房間及通道大小

驗樓師或測量師通常會評估物業的結構或價格的風險，但作為長遠投資者也須評估，該物業將來的升值潛力、出租潛力，以及出讓潛力等因素。需要具備以上 3 種資料蒐集，才為上策。

樓宇買賣常見詐騙方式

筆者在本文會詳述一些行騙方式。因資料敏感，故不會「開名」，目的是幫助讀者避開這些陷阱。常見的行騙方式有以下幾種：

1. 預支買方的訂金

通常賣方要求買方給按金後28日內支付「大訂」(Exchange)，可能需要10至80%，其餘在樓宇完工時支付。

大家以為看似沒有什麼特別，可是如果多過10至15%大訂就要留意了，因為賣方在合約中的細則可能說明，會用這些大訂來做某些事情如：支付建築費、傭金、測量費等。如不幸爛尾，大多數的法律保障只會保障大致10至15%，其餘金錢經已落入不明之處，難以追討。這樣為何買方會肯支付？因買方不了解保障程度，只相信律師意見，但想不到律師也可能和賣方私下協議，而律師也已經保障自己之後的法律責任，所以買方是不可能提出任何訴訟。

這樣的欺騙方式有些共通點，不論是小型或大型的發展商：

- 在完工前要支付的大訂多於25%
- 給中介人的傭金相當高（6至10%）
- 指定某一個律師而不容許多個選擇或買方自行選擇
- 有相當吸引的配套例如包租、若干年後回購、或某種誇大的回報承諾。

如想避免以上的情況，買方應購買一些經已有資金證明來建築該物業，以及容許買方可自由選擇律師。至於在訂金保障方面，亦要核實如何保障及責任追究。

2. 給第二債權人（Second charge)

在支付的大訂多於 25% 時，賣方或律師為了給買方安心，會說買方有該項目某一些的債權。例如該地皮或該物業的債權，但沒有強調是第幾債權人及其區別。

在現實的某一些項目，該項目的第一債權人是一間私人機構。原因是該私人機構在某些程序上借貸給這個項目，所以需要第一債權人。（注意該私人機構是否真的借貸，是並沒有人可以證實到，因為只是一些文件。）

之後當很多買方給訂金時，這些訂金已經轉讓了不同的區域。當該項目要清盤時，首先得益是第一債權人，他會得到這個項目所有。而第二債權人往往一無所有，或只是一個名銜在這個地契上。

第一債權人之後也可以繼續轉讓該項目，如此類推。筆者見過同一項目可以轉售給不同債權人，而重複再重複來欺騙買方金錢。

如何防避？如果律師說給訂金後，會給你債權保障你。這樣你就要小心，究竟是第一或第二債權人，如何識別及賠償等等。如該項目需要借貸來興建，就要注意借貸的來源及條款。最好是銀行或大型借貸公司。

3. 包租及回購陷阱

包租只是一個給投資者放心，或少一些麻煩的選擇。試想想：如果是好的物業為何還要包租？但筆者在此不會分析包租好壞，但有一些欺騙方式要注意：

- 包租未必包稅和某一些項目
- 包租的公司大多數不是發展商，而是一間新的包租管理公司。如果該管理公司破產，或不支付包租的金錢。買方是會難以追討。
- 包租完畢時，物業狀況是否可以還原當初的一樣

如何防避？這樣需要了解包租公司有什麼能力及保障可提供。例如是否有政府監管？是否有一筆流動資金，來支付一些包租。（通常是半年的資金）。回購方面，有什麼保證及資金證明，例如個人資產保值。

4. 按揭陷阱

很多中介為吸納多些買家，往往説該樓花可按揭貸款，特別是一些需長時間完成的買賣。

中介通常會和買方簽一份合同，説明貸款是否成功也不會負責。這樣你們要謹慎，因在英國貸款是非常困難，特別是海外買家。只有數間銀行可以做海外貸款服務。 然而每間按揭公司都有個限額給一個項目。所以不久的將來，會有很多買方是不能做按揭，而逼不得已用現金購買或蝕大訂。

5. 項目開發陷阱

一些中介小型發展商公司，在海外宣傳英國樓宇可以用不同途徑加建或造成劏房出租，使物業升值。手法有以下步驟：

· 欺騙樓價價錢

– 由於海外業主不懂查詢物業價錢，只能相信中介，所以中介從中調高價錢獲利。

· 冇王管裝修費

– 不能自由選擇裝修公司，只能交給指定的開發公司。途中沒有第三方可以入手檢查進度或審查他們所用的建工手法。

· 違規開發

– 沒有得到是政府批文開發或加建，導致最終業主需要給市政府賠償。

筆者在此呼籲購買物業需資料明確，不要一時衝動。

買樓個案

筆者以下跟大家分享一些買樓的個案，當中有成功，也有失敗。兩邊都列出，供各位參考：

1. 購買辦公室物業

有投資者選擇買辦公室物業作投資。那麼，什麼辦公室物業最保值？

通常政府資助的公司（如社區服務公司），不但租約期長、準時交租，又懂得保養物業。雖然未必每年可以加租，但長遠不需擔心會有太大的問題出現。反之，如果出租給一些有限公司，他們隨時以清盤為由，終止合約。

2. 購買物業收租供給自住物業的租金

有些海外投資者嚮往在英國自住，可是他們不知道什麼地方最適合，於是選擇投資一些較易出租物業的地區作長線出租。使用該出租的租金，在不同地方租借地方居住。這樣一來可保障收入來源，也可以嘗試居住不同的地方，以便日後的打算。

3. 買樓個案失敗

投資者 A 因認為香港教育制度不理想，決定移民英國。A 嘗試購買一些保值的物業，也有好的小學學校網。

搜查當中發覺近市中心的沒有一間好的學校適合，使用

https://www.locrating.com 網站，發現好的學校比市中心遠離約 20 分鐘車程。在曼徹斯特通常在西南邊例如 Sale、altrincham etc。

可是，由於想移民到英國日期是 8 月份，報學校的時間已過（通常 1 月報名）。他們在 3 月份買了間在學校網的物業申報自住。渴望可以在九月份開學時候就讀學校，可是，在申請途中才發覺需要子女也來到英國居住才可報讀學校。這樣一來，A 唯有將物業出租半年，然後當到達英國後才自住及報學校。到 9 月，由於學位短缺，安排了他們其他學校，直至 11 月份，才可搬回原先心儀學校。

個案説明就算物業在學校網也要根學校報名的規則。幸好物業是在校網區內，所以他們能夠到教育局上訴，才可得到心儀學校的收留。

4. 自行管理出租物業

很多移民在英國的業主，由於時間充足，他們喜歡自行處理租務。根據法例，業主可自行管理出租物業，但他們不明白英國租務管理是有一套系統及法律跟進。常見問題有：

－租客沒有居留權而出租
－用自行方法趕走租客，如：轉門鎖、電話騷擾、不定時尋找租客
－不妥當收取及處理按金

這些行為不但沒有成效，業主也損失租金，最壞情況甚至會入獄。

筆者親身經歷一個例子，由於種種原因租客不能付租金，中介公司已經提出用正常途徑移除租客（以和為貴）。要有心理準備不能追討之前的租金，但業主強調一定要追討之前的租金，不過同時業主沒有做好本份去處理應該的裝修事項。於是業主不採取出租中介的建議，採取自己方法及法律行動，最終和租客拉鋸戰 1 年，不但不能追討租金也不能移除租客，需等到法庭審判。

5. 上課學購買物業開發劏房項目

不少課程教導海外買家如何購買英國樓，特別是改建成為劏房的項目提升回報。其中常見的騙案例子之一如下：

a. 承辦商推介購買間 3 房房屋後改建成 6 間房；

b. 購買房屋價錢需要 16 萬英鎊；

c. 承包 4 萬英鎊可以改建成為 6 間房間；

d. 承包之後出租回報有 2 千英鎊 1 個月租約，簽約為期 5 年；

e. 項目需要 1 年之內完成。

正常是可以做到的，但經過兩年後發現該承辦商及中介突然消失，及沒有租金可供給一段時間，於是開始尋找當年所投資的物業：

- 田土廳的成交價只有 13 萬英鎊，那麼其餘 3 萬在哪？
- 所改建的房屋，只有 3 間房沒 6 間。之後尋找了其中一名負責人，他說由於市政府改了批文，所以不可以加建成 6 間房。那麼 4 萬磅的裝修費在哪？他說用來還原變回 3 間房間。
- 所承包的出租回報公司也不翼而飛

這個例子不是一宗，而是集團式行騙，以筆者所知，數幾十種案例在中國及香港已經發生了好幾年。手法是獲取業主的信任，看準業主不懂如何查詢資料，及利用英國法律對於有限公司的追討複雜程序，導致投資者無從入手及追討。

6. 用私人名義購買物業

私人名義買物業沒什麼不好，只是如果購買多間物業出租，那麼個投資者的個人入息稅增加。有案例一位投資者購買 20 多間物業，在過往 20 年內，他發覺所收的租金如果完全遞交稅務，他的收入是比 10 間的物業租金還少，於是嘗試轉讓給他的家人，可是家人需要提交原因，以及進行繁複的手續。到最後發現如果當初使用公司持有物業，那麼不論是稅務或是轉讓也方便得多。

購買市面上的普通樓宇

1. 搜尋物業

購買市面上的普通樓宇，投資者可透過以下途徑：

a. 地產中介

地產中介，是指當地的地產中介。因為他們除了有物業的基本資料外，更掌握到很多第一手，且不為人知的資訊。投資者不妨直接致電聯絡，又或者用電郵查詢樓盤資料。

雖然地產中介有機會由過於忙碌，忘記回覆電郵，所以建議大家隔一段時間再跟他們聯絡。

b. 網上平台

- Rightmove
- PrimeLocation
- Zoopla
- Gumtree

以上都是英國人較常用的網站，但要留意不是每個樓盤的資料都會刊登在這些平台中。

c. 報紙

有些業主會在本地報紙登廣告，希望藉此節省成本。這樣的物業廣告，所遇到的競爭對手比較少，所以在議價及購買方便理應方便一些。可是選擇不多，搜尋亦有一定的難度。

2. 事前準備

在開始尋找物業前，投資者應清楚自己的要求，這樣不但可以更精準、快捷地找到目標物業，也可以幫助你的地產中介，能給你最好的建議。例如：

a. 物業種類（是永久或非永久物業？）

b. 支付的價錢（最高幾多？）

c. 理想的回報收入 （扣除管理費、地租、租務管理等費用）

d. 持有時間（預計什麼時候出售物業？）

e. 購買方法（以現金支付或貸款購買？）

議價方面，建議留意樓盤的需求。由於是普通物業，業主通常在議價方面沒有太大的折扣（因不是急放）。

3. 其他常見問題

a. 來自香港或中國的買家，是否都可以在英國買物業？（可以。）

b. 海外買家和本地買家有沒有分別？（沒有，除了税務方面。）

c. 海外買家能否用按揭購買？（可以。）

d. 是否需要落訂？（視乎買賣雙方的協議。）

e. 是否必買必賣？（沒到交換合同的階段，就不需作承諾。）

f. 可即時移除現有的租客嗎？（視乎合約。）

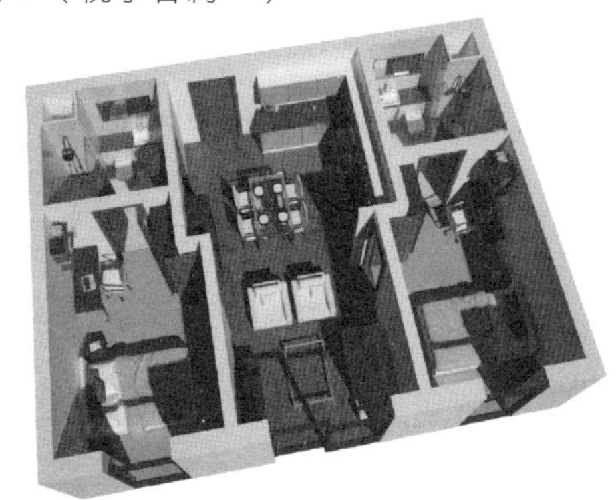

購買拍賣物業

在本篇中，筆者會跟讀者一起講述在拍賣會上購買物業，其流程和注意事項：

1. 在拍賣會購買物業的好處

a. 較快完成交易程序

買賣一般樓宇，通常都要經過繁複的律師程序，但在拍賣會購買物業，當成交後買家只需支付訂金，再過 28 日後便可完成交易（除非有特別安排）。然而，很多這類物業沒有透過中介，便直接在拍賣會進行交易。

b. 商機

如不多人投標，那麼你有可能以一個低的價錢，買到心頭好。

c. 銀主盤

指被法院強制執行拍賣的物業。又因銀主盤的業主急需轉手之故，故售價會比市價更便宜。

d. BMV 樓盤

BMV 樓盤（Below Market Value，俗稱「跳樓盤」）是指售價低於市值的樓盤。這類跳樓盤的出現，通常是由於業主急於放盤，急需要資金轉賬，故情願低價將物業放售。

2. 購買拍賣物業的風險

投資者在投標前，應有足夠的備用金錢，並將物業「起底」，包括法律責任、物業架構及所承擔的風險。但由於時間短促，投資者往往不可能完全查清。當然任何由調查所衍生的費用，應包含在你的購房預算中。

由於調查不夠準確，有可能投標的價錢，會高於所物業的總價，那麼你的投資已經是損失。

雖然購買拍賣物業有一定的風險，但近年在拍賣會上的成交宗數卻不斷上升。不過要提醒投資者，即使找到心頭好，亦需時刻提醒自己不能以感性作主導，以防墮入購買陷阱之中。這些陷阱包括：

a. 物業的結構性問題
b. 物業的定期保養問題
c. 物業的租約問題
d. 「法定擁有權」有缺陷的物業
e. 未註冊的物業
f. 具有限制性契約的財產

不過投資者可以放心，物業如有問題，可以從投標的價錢找到蛛絲馬跡。當然，只要有適合的團隊幫忙，以上大部份問題還是可以解決的。

3. 購買物業的準備工作及注意事項

a. 出席拍賣會

1. 聯絡不同的拍賣會，看看是否有你所尋找的物業區域。
2. 登記拍賣會的會員以致他們會寄給你最新一期的拍賣物業周刊
3. 很多不同拍賣會的網站：

- Edward Mellor（edwardmellor.co.uk/auctions/）
- Auction House Property Auctions UK（auctionhouse.co.uk/）
- Property Auctions - Property Auction Action（propertyauctionaction.co.uk/）
- EIG Property Auctions（eigpropertyauctions.co.uk/）

很多拍賣會現在都設有網上投標。只要你向會方提供相關資料，便不需要親自到現場。至於拍賣會的目錄（即菜單），在拍賣日約一個月前就安排好。建議投資者把握該一個月的時間準備。如果沒有經驗的話，最好都是去拍賣會現場實地考察，感受主辦單位是如何進行拍賣活動。

b. 財務準備

投標成功後，你需支付以下費用：

- 按金：佔投標價錢的 10%（作按金之用，留意買家必須於當日即時支付），其餘 90% 需於 28 日後支付。如未能如期支付，買家將被沒收按金。
- 拍賣會的手續費：200 至 1500 鎊不等
- 印花稅
- 轉易費（Conveyancing fees）、調查費（Survey costs）
- 物業保險費

c. 按揭貸款準備

如果你需要申請按揭貸款，最好預先跟貸款公司達成初步協議。不過，拍賣會因成交時間較快，很多按揭公司都未能及時處理你的申請。於是，市場上就出現了一些按揭公司，專門負責做這類按揭，但留意息口可能會較高。

d. 安排睇樓

當確保找到自己的心儀物業時，如果可以盡快聯絡拍賣會人士安排睇樓。如有需要的話，買家可以提出多看一次。不過，最好有相關的專業人士（裝修師傅、驗樓師，甚至建築師）陪同睇樓會較好。由於住宅單位通常都需要某程度上的裝修，所以建議買家先跟裝修師傅計算有關的維修費。

e. 不要盲目相信「建議物業價格」

在拍賣會上所看到的「建議物業價格」，通常是用來吸引買家的注意。建議買家的預算價位要提高一些。

f. 事務律師（Conveyancing solicitor）

拍賣行會為每個物業預先提供相關的法律文件，這樣可以給你的事務律師有足夠時間細讀相關文件，再以法律角度，尋找當中有什麼不妥當的地方，並加速完成物業成交。

g. 僱用測量員

雖然在英國的法律制度，未有規定購買物業一定要進行驗樓。但由於拍賣會上的物業，通常都需要一定程度的維修，故如果你能預先準備測量師報告，可以助你更精確做好預算。

a. 可以在投標進行前成交物業嗎？

投標前，如遇到心儀物業，買家可向投標行預先進行交易。即例如你可以提供一個價錢給投標行，對方可能為了節省時間起見，又或者業主急需轉讓），於是便會提前成交。正因如此，你有時會在投標行的目錄，見到「Sold」或「Redrew」等字眼。

b. 租客問題

有一些物業經已擁有租客合約，租客甚至乎經已住了 20 年有多，但當購買物業後，卻發現難以處理租客，例如：

- 不付租金或市價的租金
- 不許檢查物業
- 不許裝修

那麼，買家就需要進一步的法律程序處理，視乎處理程度，有可能需要半年，甚至一年以上。

c. 物業規劃問題

拍賣行沒必要進行一系列的檢查，他們只需要提供基本的法律文件及交易程序。拍賣行通常已經列明需要投資者自行負責法律責任，以及物業規劃等等問題。

- 如果投資者想加建及改造物業最好預先和本地政府及承辦商溝通妥當。
- 如果已知物業已經有擴建，最好嘗試尋找市政府的批文。

總括來説，拍賣行的物業可能有意想不到的收穫，投資者最好預先準備金錢及團隊以處理不同問題。

如想競投一些較便宜的物業，就需要留意一些沒有太多投資者感興趣的物業（可能該物業受地段及價錢等因素影響標價），但相信這些物業也有其賣點。還有，不要輕易作出購買的決定，並緊記計算日後管理及維修的費用。

如何購買比市價更便宜的物業？

正如上篇提到，英國的房地產市場有所謂的銀主盤、BMV 樓盤、跳樓盤，這些都是比市價更便宜的物業。執到平貨固然好，但一個不留神，隨時會因小失大。那麼如何尋寶？以下幾點要注意：

a. 鎖定目標物業

投資一項好的物業，其回報價值能助你自給自足。相反，投資在一間價格便宜，但物業卻位處不吸引的地區，即使物業環境多好，但假如放售或出租出現困難的話，物業的回報便會減少，甚至因為要維持狀況，需不斷支付不必要的費用。

另外，如沒相熟的建築公司合作，盡可能不要購買需裝修的物業。因為你不知道需要額外花多少錢，又或者該單位有沒有結構問題。當然如果有團隊幫你，這些物業可幫你賺更多錢。

b. 做足資料搜集

買家不要只聽取中介或業主的片面之言，相反你需要搜集更多的資料，例如查看附近物業的最近成交價、出租價，以及任何關於物業發展可能性的資訊。方法是當地視察、使用網上平台，或從不同的中介口中得知。

另外，如果你在網上平台發現，某座物業在市面上已經出售一段時間，卻沒有完成交易。那麼可以嘗試跟業主討價還價。通常業主都會願意降價求售。

此外，首次投資物業，很多時很容易購買錯誤的地區。因為不同中介及消息經常說「將來怎麼發展」。然而請不要太過興奮，因為這是將來的計劃，不知何時實行。

c. 掌握市場需求

你可以透過網上平台（如 rightmove），觀察當地租務市場的反應：如果很多物業出租，證明比較困難尋找租客，如果很多物業但沒有什麼物業出租，證明該區的租務市場有需求。

d. 慎選中介

中介雖然可以為你提供不同的物業資訊及筍盤推介，但留心有些中介需收取額外費用，所以要小心處理。又或者他們經已提高售價。再者，有的中介可能會給你不正確的資料，所以莫掉以輕心。

e. 尋找銀主盤的途徑

- 相熟中介
- 律師或會計師
- 拍賣官
- 破產委員管理處

你可以有很多途徑去準備資金證明，但仍然需要支付訂金（1 千至 5 千英鎊）。整個交易須在一個月內完成，如果事先已經有相熟的律師及裝修團隊將就更加好。

樓花入市指南

近幾年英國物業買賣暢旺，英國樓市市場需求增加，不少本地及海外人士都投入英國物業市場，私人發展商極力推廣及銷售樓花（房屋預售），同時市面也有不少現樓（二手樓）推售。以下會分析英國樓買賣全攻略，好等消費者獲得可靠的資訊。首先，詳述如何選擇樓花。

樓花的定義：樓花是指該物業還未完成建築或未擁有政府建築完成批文就開始銷售。樓花可以是舊樓翻新或從地皮新建築。

售價與管理費

大多預售的樓花都是外觀吸引，裝修時尚、具代表性，甚至會有會所設備等等來吸引投資者。但要注意它的價錢可能會遠遠高過附近已落成的樓宇。如果是公寓設有不同設施，其管理費也會相應提高。所以購買前要考慮這些設施是否需要及如果出租出去這些設施會帶來多少租金收入利益。

保養與維修

在保養方面，外牆暫時毋須擔心，因為通常外牆結構有 10 年保養。當然一般屋苑管理費是必須的，包括：清潔外牆、走廊、升降機維修，管理處服務等。當外牆保養過後如果需要維修而管理公司沒有足夠儲備就需要單位的業主一齊付出該費用。所以要注意管理公司如何處理管理費用和什麼情況下會加管理費。

在單位裡面，樓花往往會承包廚房用具家具電燈等設施，但不包括傢俬床辱等等。傢具電器大致有三、四年保養期，但要留意當入伙後一定要立即註冊。如果發現入伙後，有漏水跡象，可以和發展商溝通，因為可能有一些喉管因某些原因出了問題，發展商當然會處理。

樓花報告

在購買樓花時候手續簡單，買方不需要太多關於手續或樓房知識的考慮。因為發展商已經為買家準備好齊全的樓花報告，不像二手樓盤需要買家做詳細的審核報告。但如果發展商未及時準備文件，買家務必要求你的律師留意一些條文及該樓宇建築細節。

租務回報承諾

有時為了吸引買家信心，樓花可能設用高回報的多年包租策略來吸引樓花買家，減少買家在租務回報上的煩擾。

值得注意的是：現實情況有時並不如廣告中所説的美好，例如租金回報、價格上升、地區的好壞等，所以要向相熟地產經紀或當地人士作進一步了解。而在提供包租承諾 (Rental Guarantee)，一定要留意該預計的租金是否遠遠高過附近樓房的實際租金，因此要考慮當包租年期過後，該樓房租金是否能達到預期。

價錢和租金是否合適可以與附近的買賣價錢作比較。例如可以用不同買賣物業網上平台：http://www.rightmove.co.ukhttp://zoopla.co.ukhttp://www.mouseprice.com，這些平台不但可以查詢附近物業賣價，也可以查詢過往的成交價錢和日期。這可用於分析想購買的物業價錢是否適合。

當然銷售及租務狀況也可以用這些網站來反映當區的狀況。如果在一英里內有很多物業出售及租務這樣就要多些留意。所謂物為罕為貴如果該物業是好的這個區分不應該有很多出租及銷售。

按揭事宜

樓花往往要一至兩年後交收，而銀行要到樓盤完工之前半年才可以進行按揭審核。如果銀行審核估價未達預期，業主便將需要自補差額。更加注意的是很多買家會用中國銀行、匯豐銀行或東亞銀行。但這些銀行批核的過程會因時期改變，所以最好預先通知銀行部門及留意銀行有沒有改變借貸的策略。

解構樓花四大竅門

第一，以筆者的經驗好的樓花都會在本地市場出售，如果在本地市場不出售，而只會在海外市場出售的話就要留意。因為可能該物業價錢甚高在本地市場不可能購買。

第二，發展商是否利用買家的按金作為建築樓房的資金來源，則買家要承擔很大的風險（例如完成前需要支付五成首期），這些樓花有可能會出現「爛尾（施工中斷，無法如期竣工）」或者延遲完工，所以買樓花最好買差不多完成的，或選擇大的發展商，有充分的資金周轉及保險。因為律師未必會提醒買方該發展商背景資料及其風險。

第三，在買樓花不單止要看價錢，也要注意單位大細，因為現在發展商通常推出較小的樓花單位來吸引買家。表面上單位售價較低，但實際呎價偏高。如果單位太細的話銀行未必會進行貸款程序，以及日後作為二手樓銷售會困難。第四，在包租期，買方需要留意可否自行出租或自住，和稅收限制是否有明確解釋，例如包租 5% 買入價的回報，該 5% 交租的收入需要上報稅局，而買方的國家戶籍也會有不同的稅務規限。

總結，買樓花有好有唔好，所以要做好資料搜集及準備，最好熟悉當地市場，如果買家純粹想炒賣，個人則不大建議，因為在英國樓宇作短期炒賣稅收偏高。

投資酒店房間值得嗎？

近期市面上多了些投資酒店房間的項目。投資者該如何選擇？

1. 買賣酒店房間的一般程序

首先讓我們看看投資酒店房間的買賣的一般程序：

a. 你要在出售的房間中，揀選心水單位。並在房間未被他人購買前，便需盡快支付預訂押金。（形式跟買樓花一樣）
b. 當你或律師收到合同時，需仔細檢查合約內容有無問題。
c. 交換合同，並支付交換費用。（購買的程序已完成）

當你成功入購單位後，該單位的地契會在英國土地註冊處登記了你的資料，你可享有 100%擁有權。地契會顯示你將房間轉租給酒店 10 年（固定期限）。你將每年收到約 10% 的淨租金回報。

以上程序看起來非常簡單。對一般消費者而言，這是一個較容易處理，及收入較穩定的投資項目。

2. 投資酒店房間的好處

a. 投資以固定回報率簽訂合同，投資者因而不需承擔與酒店管理有關的任何風險。

b. 與公寓不同，擁有酒店房間是一項完全管理的投資。在所有權期間，您不會被收取額外費用，例如管理費用和維修費用。例如，如果房間損毀或客戶對服務不滿意，這不是投資者的問題。

但是有一些酒店項目會因應酒店的收入回報來分配。雖然收入可能因物業和地點的不同而有所不同，但投資者可以預期固定利率約為 4 至 10%，也有可能在 5 至 10 年間酒店回購該房間。

c. 酒店房間也可保留給投資者用（當然有時間及日期限制）

3. 投資酒店房間的風險

a. 對於外國投資者，酒店房間單位屬非住宅交易的管轄範圍，導致收取回報的合同和法律複雜。
b. 如果是外語合同（非英文），有時可厚達 100 頁或更多。慶幸的是這些外語合同通常是很標準的，甚少被人大幅更改。
c. 雖然投資者不會受到管理酒店房間的困擾，但也會受到公司營銷政策的影響：例如酒店改變策略，或不能保持高標準，可能會影響收入及投資者的回報。因此在購買房間或單位前，需了解市場動態。即使有固定的最低回報，酒店業務也不能對市場免疫。
d. 如投資者需現金周轉，這些項目難以獲得抵押貸款。因為貸款公司會考慮普遍的投資者對這類投資的需求不多，過去這種投資會被認為比傳統的買賣風險更高。現在市面上也難以找到貸款公司，願意給這類的投資貸款。（如果可以的話，該酒店就不需出售房間的資產集資吧！）
e. 在出售方面，也相當困難。因為當你出售的時候，你的回報期經已過了一段時間，所以很多酒店項目為了給投資者信心，就設有回購的合約，但到時是否能夠回購呢？可能又是另一回事。
f. 雖然市面上有公司專門收購酒店房間，但它們的收購以大量為主，如你只擁有一、兩間，他們是不會購買的。

4. 其他注意事項

以上是普遍的酒店業主出售酒店房間的一般程序，但有很多出售者是魚目混珠，他們會對消費者説自己擁有該物業，或擁有相當多年的物業管理經驗。但如果深入了解，你會發現原來對方大話連篇，很多時他們都只是和業主交換一個小合同，然後向你出售，再使用你所投資的錢，來完成購買酒店。

問題是：

- 他們沒有完全擁有這個項目的業權，可能只是地契上其中一位債權人。
- 他們説這些錢用於酒店翻新及維修，但往往不是事實。對方只用你的錢來完成酒店的購買，而用小部份的金錢來做一些小部份的翻新工作。
- 該公司不是酒店，只是中介公司專門出售物業，所以這些中介公司需要承擔日後的風險。

最後筆者忠告大家，如果是好的酒店，酒店方面即不會分拆房間出售。分拆房間出售的酒店，通常是位處一些不就腳的地方，或酒店本身的資產根本不值一提，故要小心作決定。

越來越多人轉買酒店房做投資。

如何提升投資出租回報？

關於投資出租（Buy to let），除了倫敦以外，投資出租回報（淨回報，Net yield ）可分以下：

- 4% 至 7%：普通市面上購買的物業。
- 8% 至 15%：比市價低於 20 至 30% 的物業或劏房物業。
- 15% 至 20%：自己的開發物業。

如果懂得使用槓桿，回報自然會高一些。

除了數字方面的計算，投資者更需了解租務市場的動盪，以及洞悉細微變化。在本章筆者會跟大家一起探討不同租務項目需要關注的事項，從而獲得最大利潤和減低風險，包括尋找適當物業、手續程序、許可證、尋找租客、租客按金、業主責任及費用。

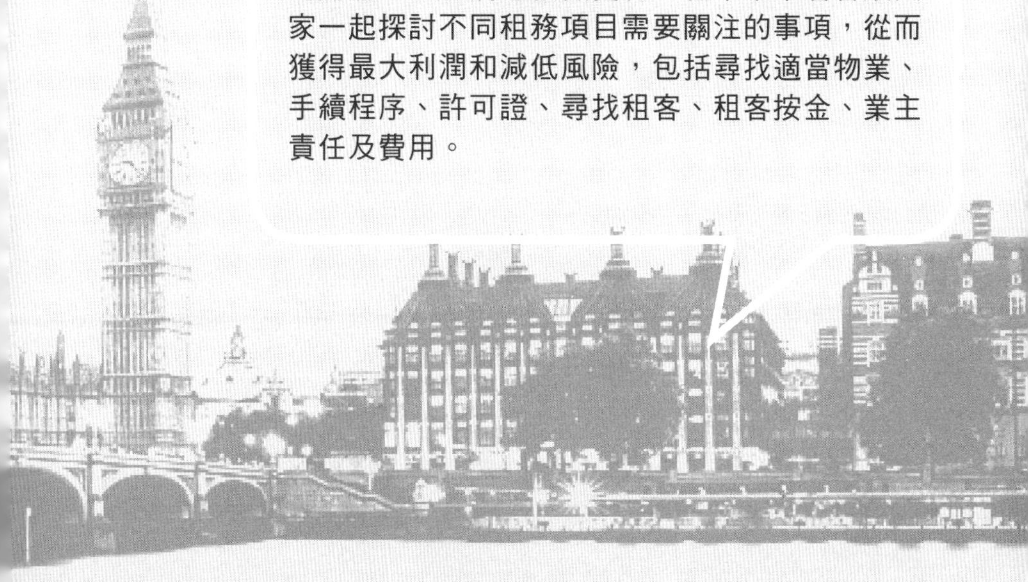

長租 vs 短租

筆者經常被客人問到一個問題：租約或是長短好？

1. 短租

短租的定義是由幾天至六個月，通常租金回報比長租可多出50%，但業主需承受更多的風險和支出，例如空租期，找租客的中介費用，及不同程度的維修保養等。

短租客的類型通常是：短期工作、探親、旅遊，甚至求學，因為長租的租期至少需六個月以上，和需要證明租客在這段時間有居留權，因此會選擇短租房屋以便靈活彈性，當然已是受租金低於酒店房租所吸引，所以短租房屋在現代化的城市有它一定的需求。

可是短租比長租所準備的事項要多一些，例如提供完善的傢俬給住客（因每一次短租客需自行購買傢俬，是非常不方便的）。傢俬清單如下：單人或雙人床、沙發、衣櫃、飯桌、熨斗、微波爐、水煲等。

除了硬件配套，業主也需要包含不同的日常費用，例如水電煤氣費、電視費、上網費、清潔服務費及其他服務費。因為短期租客不會因一、兩星期的租期去浪費時間，處理不同賬務名字的轉讓。

短租雖可給業主較高利潤，但也有相當同等的風險，例如租霸問題，合約期滿後不願意搬走，或者將全屋的傢俬及用具破壞。所以在出租前，投資者要預先審核租客的背景，並確保合約清晰列明。當然事前支付所有或大部份的租金及按金都是必要的。你或許委托一些有信譽好的中介公司，來幫助你處理短租出租，當然你需要額外支付有關公司的管理費用。

但有一項要更加注意的，就是該物業是否容許短租。由於短租可能涉及騷擾其他住客，或對本身的業權用途影響，所以管理公司通常不會容許，除非已獲得業主及管理公司的允許。最壞的情況是罰款，甚至違約而沒收物業。

所以，如果業主想短租，最好已有大業主或管理公司的同意。如果不想麻煩，可以選擇購買有永久業權的物業，或服務式公寓，以方便自行管理。

注意：如果你的物業有按揭，緊記要查詢你的按揭合約，是否容許短租。

2. 長租

長租是指半年或以上的租約。通常一至兩個月之前，租客及業主會達成共識，是續租還是離開。如續租的話，可以重新簽署新合約，及重新商議價錢，或當完約時租客可以繼續如常居住，雙方只需要一個月前通知。這個設定可以因應市場需求來調整租金價格，加上有充足時間維修房屋，以保持良好質素。

當簽長租約時，通常會是六個月、一或兩年年期。當中租客有時要求有一個 break-clause，即中斷條款時期，如六個或八個月後，這意味雖然可能簽了一年約，但到第六個月後，只要給一至兩個月通知期，就可終止合約而不需任何罰款，這種做法很常見。

長租的回報雖然比短租少，但收入卻較穩定，業主所需承受的風險亦較低，加上銀行貸款也喜歡物業擁有長租的租客。因此，如遇到好的租客，不妨考慮長租給他們，以免夜長夢多。

長租的物業不一定需要預備任何傢俬，或任何費用，因通常是住客自己承擔水電煤等雜費，傢俬可能會買一些視乎住客需要。建議可以預留一筆資金給租客自行挑選家具，因為如果預備了家具但租客不需的話，你便需要搬走那些不要的家具，這樣便會浪費金錢和時間。

當然找租客可以自行處理，但如果想方便的話，可能需要借助物業管理公司幫忙。緊記要了解清楚收費，通常在英國很多管理公司會向申請人收「搵客費」，費用約半個月的租金，再在每個月收取你 10 至 15% 的管理費。

當然市面上也有一些收費很平的管理公司，但最主要是看看他們的信譽度，以及他們所管理的程度到哪裡。加上要提防他們在不同地方胡亂收費，如清潔費，小的維修費等。

總括來説，長租抑或短租各有需求。只要了解清楚及清晰條文，就可以避開大多數的風險。

租客小知識：如何處理租客問題？

1. 保持專業

即使租客行為不如你所想，你也要保持禮貌和專業操守來應對，因為這是你的生意，他們也始終是你的顧客，但是專業並不是萬事都要忍耐，而是需要從一個專業角度來採取專業行動。

2. 保持警覺

出租時，你可以考慮計劃一個維護計劃及時間表，例如偶爾視察你的出租物業，這樣可以方便你及時了解可能出現的問題。請記住：如果你計劃進入你的物業，就必須在至少 24 小時前通知房客。

如果有機會，可以跟你的房屋鄰居，了解你的租客行為。例如問他們：房客會不會經常都有派對或打擾鄰居？有沒有經常有不同的人或警察出入？

建議不要掉以輕心，需積極主動，隨時了解情況。

3. 保持準確的記錄

詳細記錄與租戶間的任何法律或財務交易，以及正式和非正式的通信。這對於你將來所處理的任何維護問題很有幫助，例如已發出的警告信，一定要有一份文件記錄，以便將來可以根據需要提交。保留所有來自租戶的電子郵件或信件的副本，並記下你所有電話交談的日期和詳細信息。

4. 保持良好關係

試著從一開始就培養一種相互尊重的關係。如需對房間進行維修，請傾聽租戶的意見，迅速作出反應，並在第一時間妥善解決問題。儘量不要拖延解決問題，特別對一些可能影響租客生活，或造成危險的事項。

5. 購買正確的保險

為了保障自己，必須確保有購買所需的合格保險。要考慮的包括建築物保險、物品保險、緊急援助和意外損壞保險。

6. 儘量減少損害的可能性

考慮出租的房產中創造一個可以儘量減少損害的環境。你可以通過使用防止磨擦及耐用的材料，作為你的房屋設計，包括容易打掃及防磨擦的地板、黑色或帶圖案的防污地毯、優質的瓷磚和多個煙霧探測器，將損壞的可能性降到最低。

7. 解決問題的技巧

對於房屋的損壞和不合理的衛生等問題，通常對租客提出有禮貌的口頭／書面要求或溫和的警告，希望得到積極的解決。如租客的行為違法，比如涉及停車或者噪音侵權，你可請警方向其提出警告或罰款。如租客未能支付租金，長達 14 天或更長時間，你便有權收回房產，你可向「租戶驅逐服務」提出請求。

8. 避免「問題租戶」

如果在一開始就對租客進行徹底調查，並訂立清晰的合約條文，將有助日後避免許多問題。

有些房東因急著出租物業，並沒有考慮租客背景，結果帶來後悔的結果。因此長遠來看，從一開始就找到合適的人，將可節省自己的時間、金錢，以及減少有機會出現的煩惱。

在與他們簽訂協議前，需調查租客是否有能力支付租金、有沒有就業、有沒有良好的信用紀錄等，這些都是任何準租戶應該能夠提供的。你也可以透過專業公司來調查租客的個人背景，例如犯罪記錄、工作記錄和以往的租務紀錄等，這可以減少日後的麻煩，並保障鄰居安全。

如果以上的程序在你看來難以自己處理，你可以考慮聘請物業管理代理的服務，處理以上的程序及問題。不同的公司服務和收費都各有不同，在選擇代理公司前需要了解該公司的客戶評價，確保其有良好信譽。

什麼時候出租房屋是最佳時機？

如你是第一次置業投資，或想增添你的資產作長期投資，那麼你需要充分了解租務市場的狀況，因為「納空租」將會是業主非常熟悉的名詞，但也是最不想聽到的情況。

從筆者多年來在租務上的觀察，尋找租客並不困難，某些租客會因特定的時間和條件來決定搬家。

那麼就讓我們一起解讀，一年中有哪些時間較易出租物業，我曾分為五個時段：

a. 5 月下旬到 7 月底：一年中最好的出租時間。

b. 1 月至 3 月：不斷會有租客查詢

租客希望在新一年作出來年的安排，故 1 至 3 月往往會有很多租客嘗試尋找新的地方（通常只是查詢及觀察），所以筆者建議如購買物業，應盡量在 3 月後完成，以作出租準備。

c. 4 月至 6 月：租客查詢開始上升

在 4 月份稅制年度完結後，不同的公司都有不同的調整，包括人手調配等等。加上本地學生大致在復活節後，會確認入讀哪間學校，令這幾個月份找屋租的人數不斷上升。

如簽了合約，最好在 5 月份，那是一個很好機會來出租房產。這是因為租客可以利用英國在 5 月的幾個公眾假期，而不需另行請假來搬家和考察。但緊記如提供的合約是在 11 月至 12 月期間結束協議那就要小心，因為聖誕假期、學校放假，這時候較少人找出租房屋。

租客的查詢次數在 6 月到 7 月間達到巔峰，因此我們建議這段時間是一年中最好的時間。

d. 7 月至 8 月：一年中最好的時間

在這個夏天的幾個月裡，很多家庭都希望搬家，而且你應該能夠快速找到租戶。

這是因為他們希望在 9 月份的新學年開始前，讓他們的孩子在一個新的家庭和環境中安頓下來。 此外，暑假意味著他們的子女的教育，將不會受到任何干擾。

9 月：一年中最好的時間出租給學生

如果你想讓學生留下，9 月是一年中最好的時間出租給學生。雖然有些學生提前幾個月已經鎖定所需要的房屋，但也有些學生會在最後一刻才去尋找。在這種情況下，他們將在新任期開始之前，會快速行動來選擇。

e. 10 月份起：租客查詢下降，租戶質量提高

雖然查詢的客戶較少，但質素通常較高，因為這些通常是有經濟能力的租戶。可是他們的要求也相當高。如你在冬季有一個空置的房產，記住要小心你的房屋保養，例如在寒冷天氣下你的水管有可能會結冰。你需要作出應對措施，以免損害你的物業。

出租程序

你有想過出租房屋嗎？這個過程可能是一個複雜和需時的過程，但當你把事情做好的時候，它的回報是相等的。

1. 準備出租你的物業

在開始出租你的物業過程前，你需要做好充分準備。因為由開始登廣告和尋找租客的過程，你必須作出不同的準備和應對。例如你的房子第一印象是最緊要的，你需要預備自己的房子，在最好的狀況下顯示給租客看。

2. 樓宇外部視覺準備

這是租客對你的物業第一個印象，你應該專注於優化它的外觀。確保你的物業所有方面都達到了標準，並滿足所有要求的標準。例如：

- 整理前後花園（雜草、修剪樹籬，必要時添加一些新植物，清除任何枯死了或難看的植物，修剪任何損壞的草坪）；
- 修理車道或牆壁上的裂縫、孔洞或瑕疵；
- 如果需要，給窗框和門粉刷新油漆；
- 確保房屋號碼清晰可見；
- 移除垃圾乃盡可能使到垃圾箱不在現場。

3. 樓宇內部視覺準備

除了物業本身的標準外，還有許多其他的標準需要滿足，包括燃氣和家具的安全標準。在內部視覺準備我們建議準備如下：

- 雜物：通過將一些家具搬入儲藏室，整理或移除不必要的物品、書籍和小擺設，清理非必需品的櫥櫃和衣櫃，創造更多的空間；
- 做小修理：修理牆壁上的漏水和裂縫，更換破損或彎曲的瓷磚，更換燒壞的燈泡，以確保一切正常；
- 從上到下徹底清潔：地毯、地板、窗戶、固定裝置和配件；
- 消除不適合的氣味，如寵物的氣味和香煙煙霧；
- 如有需要，裝飾房間：粉刷新油漆可重新激活房間的外觀。

如果物業將出租至一個以上的家庭或一組人來享用，這就構成了House in Multiple Occupation（HMO），需遵守進一步的規定，並需要向當地政府機構進行登記。這看起來有很多麻煩的工作需要準備，但你的租金回報也會相當不錯。

4. 其他需要的考慮

考慮一下你要出租的住宿類型，以及你將如何出租。

- 如何被推廣？例如兩間臥室的房屋，或三間臥室？
- 你的情況是怎麼樣？你還會住在那裡嗎？你住在附近，還是住在外國？
- 你會把整個房產租給一個房客（或是家庭）嗎？還是讓你把一個房間，分給一些不同的房客？
- 你的目標市場是誰？家庭、學生、專業人士？
- 清楚了解不同的雜費，例如水電媒、政府稅務等。

以上不同的考慮因素，將影響你如何準備，和如何將來管理。

5. 在出租你的物業之前，你應該諮詢誰？

在你可以出租的物業之前，你可能要資訊如下的單位：

- 你的抵押貸款人：因為你的借貸是可能是以個人自住來貸款，當你出租時需要通知並且可能需要改動貸款的條文；
- 你的保險公司：如果你不讓你的保險公司知道你已經出租了你的物業，你可能不會被保障，如果發生損壞、火災或財產被盜；
- 通知永久業權者（Freeholder），因為可能在地契上說明不可出租物業。

如你不太清楚，你可能需要尋找專業的地產代理作諮詢。

6. 出租物業的成本

很多人只計算出租物業帶來的回報，卻往往忽略出租物業是需要考慮的支出。你應該預算以下成本：

- 每月按揭還款；
- 所提供所有家具設施設備等等的安全標準，是否達標或說需要維修；
- 加添家具和傢俬；
- 律師費；
- 代理和管理費；
- 保險費；
- 臨時修理和維修的應急預算。

仔細計劃，並確保你擁有足夠的資金應付突發事件，這不但能夠滿意租客的要求，也能夠節省時間及金錢。

7. 選擇出租代理

請你不要低估成功出租物業涉及的工作。

絕大多數業主傾向把尋找租戶的責任移交給一個專門出租經紀。這削減了所有必須直接處理查看和談判時的尷尬。 使用出租代理人有相當大的優勢，他將：

- 有效地將你的物業廣告給成千上萬的潛在租戶，尋找在該地區租用的物業；
- 了解當地市場，包括在該地區租用的房產類型、潛在的需求、實際租金價格，以及可能對你的房產感興趣的租戶類型；
- 安排客戶看樓；
- 在討論物業的租金價格時，代表你與租戶進行談判；
- 為你提供建議和指導。

8. 物業管理代理

當尋找到合適的租客之後，你可以選擇自己管理，也可以聘請管理代理人代為物業管理工作，這點很大程度上取決於你的情況。例如你住在外國，你可能需要聘請一位管理人員，以確保在你離開時，充分照顧你的租客和物業。

大部分出租經紀也提供物業管理服務。如果這是你感興趣的選項，請首先諮詢出租經紀，以確保他們可以提供此服務。管理代理服務通常包含：

- 通過從以前的業主處獲取資料，對租客進行個人檢查，進行信用檢查和獲取銀行信息；

- 編寫租客條款條文及物業內的一切物件存檔；
- 根據你的指示管理租約的開始和結束；
- 提供收取租金服務；
- 提供需要的維修訊息及服務；
- 定期為你檢查物業的狀況和狀態；
- 在整個關係的整個過程中，提供專業的建議和指導。

9. 出租前的檢查清單

出租前的檢查清單，能助你之後出租物業的程序，所以盡可能所有的項目也能夠達標。

- 更新你的保險，考慮到你的物業是否容許在你現在的保險條款；
- 從抵押貸款人獲得必要的許可；
- 獲得規劃市政署的應許，如果你有任何加建或改變用途；
- 如果你計劃投資 HMO，請通知相關部門，以確保所有行政文件獲得批准及處理；
- 確保所有家具和家具符合最新的防火規定；
- 確保所有的燃氣用具和設備都由專業工程師來註冊，維修，安全記錄保存在安全的地方。

租物業業主重要聯絡人

如果你出租物業想輕輕鬆鬆，最好出租之前找到以下需要的聯絡人，來給你出租的物業支援：

1. 租務管理代理

如果你知道自己是缺乏時間耐性或知識，那麼建議你尋找一個良好的物業代理公司，來處理出租物業的程序。

2. 物業保險公司

業主保險是必須的，它嘗試對該物業有效地對症下藥，給它適當的保障，例如房屋受損、租客受傷，以及支付某一些的律師收費。

3. 會計師及稅務顧問

比如尋找律師一樣，會計師可以給你有關稅務的意見，助你減少一些報稅麻煩。特別如果你投資海外物業，而你對海外稅務知識未必太清楚時，一個可靠的會計師會幫到你。

4. 雜工

如果你能有不同的水工、電工、雜工聯絡電話，甚至乎聘請他們。這樣能夠給你租客最方便快捷處理方案。因為臨急抱佛腳，往往是最浪費時間及金錢。

5. 可靠的鄰居

一個可靠鄰居，可助你觀察你的物業，如有什麼突發事件可立即通知你。甚至可以給租客一些普通維修及處理一些資訊問題。

6. 抵押貸款經理人

出租物業其中一個開支是還款。如能與貸款經理有一個良好關係，他們可以提供一些好的貸款計劃，助你節省金錢。

7. 清潔公司

不論是否新或舊式物業當出租時，一定要確保該物業是清潔。尋找專業的清潔團隊，能夠讓租客視覺滿足，特別現代人不太會自行清理。

出租管理公司小知識

尋找出租代理最重要不只是找一間有信譽的公司，更重要是尋找一個專業及誠實可靠的出租代理公司，為你的物業作出適當的調整。例如推廣出租、管理租客、和業主溝通。

上網尋找是其中一個途徑，但如果可以多多聆聽不同的個人推介，比較一下他們説的不同之處和他們的經驗。

出租代理會提供什麼服務？

不同的公司服務的程度可能會有所不同，在很大程度上將取決於你自己的需求是什麼。舉例，你只是想代理找到你租客，或你想要一個代理從頭到尾管理租客及租約協議書。

大部份的出租代理公司會提供找租客及管理租客服務，但最好與不同的的公司了解它們的服務及條款，你要清楚所需的雜費及計算方式，追問他們如何尋找租客例如是否燈報紙廣告、網上廣告、自己網站或其他平台等。

一些大型的出租代理公司，未必好過一些小型本地的出租代理公司，因為反而這些細的出租代理公司特別熟悉當地的租客和形勢。

由於大部分出租代理上的操作「不出租，不收費」的基礎上，所以最好能夠委託多個代理，以增加出租你的物業機會。緊記出租代理的收費多少，並不等於服務好與壞，儘量尋找一些出租代理公司已有類似你的單位出租，以便尋找適合的客戶。

出租前最好先和你的代理公司溝通有關要租客的類型，規定是否要一個年輕的專業人士或已婚夫婦；個人形式出租或企業形式，以及你是否正在尋找一個長期租戶，因為很多時候代理公司用短租來不斷徵收尋找租客的費用。

租務管理費用通常是幫 10% 徵收（每個月），尋找租客費通常半個月的租金。要小心是否有 VAT 另外支付，這些費用通常用來登記物業廣告、尋找租客、提供租務協議等。

緊記一定要追問所有租務管理費用，有些公司會利用一些不顯眼的服務，來收取服務費及行政費用。

只要和管理公司簽合約，最好不給他們獨家代理，以便日後可以轉讓其他公司代理。

帳單小知識

1. 處理單據

避免和租客在付費衝突，租務合約中應說明住客需要支付什麼費用，如煤氣費、電費、水費、政府稅 council tax、電視牌照費等。

通常除了電視牌照費外，其他費用會由中介公司協助業主向供應商更新資料，或許業主自行更新資料。

值得一提，電視牌照費可以在網上登記 www.tvlicensing.co.uk

如沒有登記，使用者可能收到 1 千英磅的罰款懲罰。注意是這個包括任何人在該物業裡看電視、看現場直播，不論在電腦或手提電腦，甚至無線電話，也算包括在內。

2. 房東是否需要負責租客欠下的賬單？

如果前租客沒支付他們的賬單，業主是不需要負責任。如果事前做足功夫：

- 政府稅：通知該部門新的住客資料，以及之前住客的完租日期。如有需要，可能需要提交合約資料；
- 水電煤供應商：提供供應商用戶資料，及入住時水電表的度數記錄。

合約列明需負責賬單及確保儲存合約副本，以便日後作用途。

緊記雖然做了以上的程序，供應商也有可能照樣轉寄張單給你們，所以要看清楚賬單的付款日期以及細節。另外，如果賬單的名字不是本人，是不需要理會的。

3. 空置物業如何處理賬單？

如果物業空置業主需要處理空置時的賬單。在正常情況，之前的用家例如租客，應該自行通知供應商搬遷時候的資料。任何他們需要支付的賬單理應處理及寄往他們將來的地址，之後當新租客租住是在更新該物業的用戶資料。

換言之，業主需在空檔期間，支付供應商的費用。通常建議可以取消電話及網絡供應商，但建議繼續使用水電煤供應商直至新的用戶接替，因為解除水電煤供應商比較複雜。

注意：當租給租客是可以不設有電話線及網絡，但一定設有水電媒等基本設施。如真的需要解除水電煤供應，就需要相關專業人士移除及重新安裝，這在尋找租客時比較困難。

當物業空置時業主需要提供供應商資料，供應商通常會設有特定的指定收費（Standard charge）這個不論是否使用供應也需要支付，所以要確保供應商賬單總是支付及處理否則會罰款。

傢俬

出租物業是否需要設有傢俬，視乎業主個人抉擇。法律上沒有規定需要與否。

1. 有傢俬提供

比較小型的物業例如開放式公寓，一或兩房公寓，通常會設有傢俬，因為租客通常是白領或學生，少數有家室給小朋友居住。這裡租客通常喜歡較方便的物業，所以業主能夠添加傢俬能夠吸引這類租客。

有傢俬的出租物業，通常能夠出租比較昂貴一些，大致 25 至 100 英鎊不等，視乎傢俬及裝修，可是業主也要留意家居保險是否保障傢俬損壞。

所需的傢俬視乎個人需要，基本需要例如床、衣櫃、食飯枱和沙發。較貼身的家具例如枕頭、被單、廚房用具等，也可以吸引租客。

可是個人建議只需添加基本傢俬就可，如租客需要就視乎所需的金額，之後再作決定。

另外，需注意的是：所有傢俬提供給租客，都必須擁有英國防火安全規格。如有提供電器用品需要 PAT（Portable Appliances Test）驗證（電器用品例如微波爐、水壺、多士爐等等），雖然不是法例強行需要，但最好經過測試，確保沒有漏電的風險。

2. 不設傢俬提供

比較大型的物業如家庭式住宅，通常不設有傢俬為好，因為租客通常會有自己的傢俬，如租客需要添加傢俬，業主可以與租客分擔費用，或酌量加租。由於地方較大，所需的投資傢俬相對提高，故在回報方面需小心計算。

總括來説，業主有權選擇是否添置傢俬。對於很多租務中介來説，最好添置傢俬，因為能夠給租客一個好的視覺效果，但要預計如果添加時有任何損壞，可能需要處理。

報稅

你是否「非英國居民房東」（UK Non-Resident Landlord-NRL）？

出租英國房產的外籍人士（非英國居民房東）必須在向英國稅務局註冊。你的中介理應自動幫你申請（NRL）計劃。

中介會在你的租金收入自動扣除稅務，如業主沒有使用中介，但租金收入多過 100 鎊一星期，他們需要自行報稅。

如業主成功申請自行報稅，出租中介就不需要做這個步驟，業主需要自行處理之後的稅務。

可是稅局有可能不批發許可，如果：

- 提供資料不正確
- 提供資料不符合申請資格
- 不符合英國稅制
- 不能提供附帶條文及資料

更多資料可以在政府網絡查詢及下載相關表格：
www.hmrc.gov.uk.

自行報稅

不論你是本地或海外業主都需要每年報稅。

稅表需要在每年的 10 月 30 日前提交及寄到稅務局，如上網提交可以在 1 月 31 日前，可是上網填寫需要登記資料及 Unique Taxpayer Reference (UTR)。

如果過了報稅日子，會受到不同程度的罰款。報稅時，除了提供收入資料或需要提供支出的資料，來確認總收入。

支出的費用包括：

- 按揭（但在 2020 年 4 月開始，不能再扣除）
- 維修費
- 律師費
- 會計師費
- 地租及差餉
- 保險
- 傢俬

如果不清楚，可詢問會計師，或致電稅務局查詢。最好事先準備所有文件，及儲存好資料以便報稅時候提供，每樣項目需要附有日子證明、供應商資料，以及是否有 VAT。

稅務局通常會隨機抽查帳戶資料，但如果稅務局發覺有異常，就會即時查詢。

當扣除支出後，剩餘的淨收入，就需繳交稅務：0%、20%、40% 或 45% 不等，視乎上限。

有些業主可能需要支付 Class 2 National Insurance，如果你的每年淨收入多於 5,965 英鎊，同時沒有其他職業（除了買物業收租），除了這種情況下你屬於專業投資物業收租（Running a property business）。

如業主出售物業賺取利潤，他需支付增值稅，所以途中如果有任何支出，最好都記錄在案，以便提交稅局資料，例如：翻新費用、律師費及測量師費用。

總括來説，只要記錄收入及支出的資料，就可避免稅局查詢，但緊記需自行報稅。如不清楚，可和你的中介公司或會計師查詢。

維修保養

在租務過程裡，往往遇到維修保養的事情。業主和租客無疑希望自己對物業的維修保養，負責得越少越好，希望對方可以擔起大部分的維修保養責任。那麼，在兩者間有什麼界定呢？

不論是業主或租客，都應擁有一份租約協議，列明雙方擁有的權益及責任，特別在維修保養方面，應列明一些較普遍的責任。當然業主有權加添特別的條款，但業主不應該在項目裡，加一些法律上業主應負的責任，例如要求租客維修屋頂、定期為煤氣爐及暖爐維修，所以在加添行條文前，最好徵詢專業意見。

租約對維修的隱含條款（Implied term）

在英國法律，《Section 11 of the Landlord and Tenant Act 1985》應用於租約協議，就是房東有義務進行基本修理，這條款適用於的書面的租約協議或是口頭協議。

Section 11 包含什麼？

一般來説，這意味著你的房東負責維持維修；

- 你家的結構和外觀，例如牆、屋頂、地基、排水渠、排水溝外部管道、窗戶和外門；
- 洗臉盆、水槽、浴缸、廁所和其管道；
- 水和煤氣管道、電線、水箱、鍋爐、散熱器、燃氣火災、安裝的電火或加熱器。

這些維修責任，不能被租約協議所說的任何東西取消。此外，房東不得將任何維修工作的費用轉嫁給租客。

如何告訴房東關於修理？

根據第 11 條，房東的責任取決於他們對修理的了解。在大多數情況下，需要租客或租務經理轉告業主。

業主在租約之外的法律責任

除了來自租約協議的維修責任外，業主也有其他的責任需要遵守。

- **疏忽**

「疏忽」一般是因為業主的行為而造成租客的傷害或損害，例如：如租客已告訴業主某些事情後，業主並沒有採取適當的維修工作，結果令租客受傷或者財物損壞。

- **私人滋擾**

私人滋擾發生在房東擁有的另一物業或大廈的公用部分，影響到租客家的使用和享受，例如：如房東沒在租客的公寓屋頂空間保持良好的管道，並且漏水到租客的家中造成損壞。在這種情況下，租客可以根據滋擾對房東採取行動。

- **法定滋擾**

房東不可以造成法定滋擾（Statutory nuisance），例如當租客的房屋處於危害健康及造成滋擾時。又例如日久失修使到健康損害，包括潮濕和黴菌生長，那麼當地政府通常會對業主採取行動。

·《The Defective Premises Act 1972》

在這個法律，業主需履行一系列對租客的照顧，包含在該物業裡避免任何人損傷損壞物業，這規條適合任何人包括來探訪你的親戚朋友，這能夠讓業主在未必得到租客的同意來保持房屋的維修，這包括：

- 房屋的安全
- 業主必須為房屋的煤氣及電器測試來確保安全，如果家裡有石棉則需要特別的處理方法，及業主有責任日後的維修及保養；
- 如租客是傷殘人士；
- 如租客是商業用途，極有可能需要負責合理的調整，以確保租下一個舒適的環境及安全情況下居住，同時達到「商業用途」的目的。同時間，沒有規條要求業主因租客想轉為「商業用途」，而去配合對物業作出改造及調整。

租上租：包租

在一些熱門地區，將房子租上租已成為當地的慣常生意模式。

租上租的合約條文中，業主通常擁有一份租約條文給租客／公司，使他們可以租上租在一段時間及租金。通常合約會簽1至3年。當合約簽完時，中間的租客可以另找其他租客住該物業，特別近期好流行的短租或民宿模式，這有別於傳統的物業管理模式，因為業主通常會得到一個確保的租金，不論物業是否已租出。業主也沒有直接途徑聯絡該物業正在住的房客，因為已經租給了第三方使用。

這些對於那些想要放手投資的地主來説很有吸引力，因為有保證租金，有租房者照顧房產、做小維修工作和管理房客。

租上租的成功，似乎取決於將最多的人擠進一個物業，並盡可能以個人收費並不是每個單位收費。這是導致英國主要城市的租金上漲，住房過度擁擠，以及租客權利不足等問題。

租上租的投資者經常向租戶發放許可證，而不是傳統的有保證的租賃權（AST - Assured Shorthold Tenancies）。根據許可協議，訪探房屋（這是租上租許可證經常發生的事，而AST不允許的東西）。

看來這種非傳統租務方式，能讓業主更加有保障回報，但也暗藏殺機，因為並沒有相關的法律完全保障業主。

租務小貼士

1. 適當使用 AST 協議

有保證的租賃權（AST）是一種具有嚴格的法律定義的租賃類型，你只能有一個房客（或其中一個聯合租戶），是實際上居住在房屋的 AST。

但如果使用在租上租的中間租戶，這 AST 協議是完全錯誤的——租賃協議很可能不包含業主所需要的所有條款，而且肯定會包含許多不相關的條款。

2. 使用標準公司出租合約

這比使用 AST 要好一些，但如果你下載了一個標準的公司租務合約，在使用在租上租的情況下，那麼這個協議大致就不會涵蓋特定於租賃的問題。

3. 租上租不用擔心 HMO 許可證

由於租上租通常是短期合約，業主或中間租客認為不需要 HMO 許可證，那是絕對錯誤的。因為當中間租戶把房間分別租給多方租客，這種情況就涉及了 HMO 的成分。但房屋本身不是 HMO 物業，政府有權就這點起訴雙方（業主和中間租戶）。

4. 分配整個租約

這是中間租戶無形中設了陷阱給業主的陷阱——如果中間租戶將租期的整個期限分配給最終租戶者，則中間租戶不再對該房產產生任何興趣，房東可直接向最終租戶的分租客索取租金。但期間，中間租戶可能已把押金、合約等，或胡亂對最終租客作出承諾。房東最後要處理就不容易。

5. 違反抵押條款和條件

即使你有批准租約的權利，這也許只能授予不超過一年的租約。如你違反抵押條款，貸款公司／銀行可以佔有該物業。

6. 保險無效

僅因為有房東保險，並不意味能夠涵蓋租上租的房產，所以業主應該仔細檢查保險的細節。

7. 違反物業的使用權

作為 leaseholder，可能會受到物業短租限制，或不容許短期租約。

8. 忽略規劃許可

如果你的物業將被用於短期出租或作為民宿，這可能是一個改變使用。必須檢查物業所在地區，有哪些規定是需小心。

9. 不知道誰負責維修和安全證書

誰來負責維修，誰做呢？在租上租的條文協議沒有清楚列明是誰的責任。在一般租約，通常是業主負責維修。

10. 租客是否合乎資格租房？

通常房東有責任為自己的租戶檢查是否能夠出租給他們，由於是租上租，中間的租客在租期給他的租客前，會處理檢查他的租客記錄，但這可以通過書面協議來改變。弄錯這個可能會使業主承擔罰款甚至刑事定罪的責任。

11. 提供第 21 條通知

在租上租的協議裏業主無法通過第 21 條的通知終止協議，因為這些只適用於有保證的租賃權（AST)。

12. 意外進入租金出租

如果你正在購買一個已經有的租客的物業，那麼你應該檢查他們是誰，以及留意租約的協議是怎樣編寫的。如果你沒有檢查，你可能會發現自己已經在租上租的協議下運作。

13. 審查 / 檢查中間租客的背景

中間租戶對物業有實質性的控制權。業主應該審查中間租戶，也可在互聯網上搜索中間租戶的背景，試圖找出中間租戶是否與其他人有過不愉快的經歷，因為房東是不會讓無能力繳付房租的租客入住他們的物業。

案例

一些律師警告說，租上租是一個法律的「慘敗」，並說不僅租戶，業主也會受到嚴重的影響。

如果房東允許租客再出租，這個租上租模式也屬商業的租務協議，在法律的層面上與一般的住宅租務協議是不同的。

根據現行法例在商務的租務協議，當租約完的時候租客是有權續租，這意味着業主可能失去租約的控制權。

另一個問題是：出租個別房間可能意味著該房產被歸入 HMO（俗稱劏房，詳情請看第 177 頁）。 這樣是需要許可證，如果被抓出租一個沒有 HMO 許可證，將會受到嚴厲的處罰。

過往也有一些案例，中間人預先支付 6 個月租金。之後租給不同的人。大家心知一大班不明來歷的人，知道有不同投訴，以及報警處理。

投資物業出租 FAQ

租出房子是保留房產的絕佳方式之一，也可以享有長期回報，但在英國做一個業主或租客也不是容易的事。有很多細節上的問題需了解及處理，筆者希望從過往的經驗和大家分享一下業主常見問題：

1. 在出租物業之前，是否需要告訴貸款人嗎？

要。你的抵押貸款人需給你許可才可讓你出租，他們可施加特殊條件。如你正購買一個出租物業，你可以獲得 Buy to let 貸款。

2. 怎樣知道市場的租金多少？

一般可以透過當地的地產代理評估價錢，你可透過上網平台的附近，及過往租金資料來評估，如 rightmove、zoopla。

3. 管理代理物業需要什麼的費用？

視乎你需要什麼服務及支援，通常分為搵租客及完全租務管理服務。每個服務及收費也不同，需清楚列明。「搵租客」一般是一次性付款，通常找到租客時需付半個月租金。「完全租務管理服務」一般每月收取約租金的 10%，服務包括收取租客租金、轉讓租金給業主、處理租客不同的問題及要求，是一個租客及業主的橋樑。

4. 為什麼要使用管理代理？

完全租務管理服務理應可讓業主徹底放心，代理會用他的專業知識及操守，讓業主及租客擁有一個良好關係。此外，代理會處理不同的突發事務，及避免可能發生的租務糾紛等。

5. 租客的訂金如何處理？

房東及地產中介須將租戶的訂金上交國家所規定的所屬機構，代為保管這些訂金。這是為了保護租客的資金，並在租賃期結束時協助解決任何爭議。

6. 為什麼要有 inventory check ？

Inventory check 是租戶搬入租房時，家俬及屋內外的每一件家居物品／物件的詳細清單。重要的是，如在租賃期結束時有損壞的爭議，你有證明物業的原始狀況。

7. 為什麼需要「能源績效證書」？

能源績效證書（Energy performance certificate，EPC），是一份詳細描述物業的能源效益的報告，它將物業的能效等級從 A 至 G（A 是能源節能度最高，G 則最低），有效期為 10 年。

所有業主在出租前都必須購買物業的 EPC，而從 2018 年 4 月起，該物業在其 EPC 上的最低等級為 E。出租違反這項規定的物業，最高罰款 4 千英鎊。

8. 為什麼需要煤氣安全證書？

煤氣安全證書（Gas safety certificate），是用以確保所有燃氣用具、管道和煙道都處於安全使用狀態，必須由合格的燃氣安全註冊工程師進行。這需要每 12 個月檢查一次。

9. 我的電器需要進行測試嗎（PAT Test）？

你要確保該物業內的任何電氣設備均可安全使用，建議進行安裝調查或便攜式設備測試（PAT），以確保電器符合標準。

10. 我如何檢查我的家具是合乎規格？

你要確保所有家具都符合家具防火物料和家具規定，所有符合標準的家具必須在顯眼位置顯示標準標籤，這是為降低火災風險。

11. 房東需要繳納租金收入稅嗎？

所有業主都必需對他們的租金收入繳稅（無論他們住在英國還是在海外）。有關更多資料，可瀏覽稅務局網頁。

12. 我可以在租賃期間進入我的房產嗎？

在進入房產之前，需給予租客適當的提前通知。

13. 業主抑或租客，哪一方需要支付 Council Tax?

租客需要支付，除非地在租約裏面說明不需要。緊記如物業沒有租客，這個費用需要由業主負責。

14. 哪方需要支付電視牌照費用？

由租客支付。

15. 如果租客損害物業怎麼辦？

租客支付固定損失的費用，或在租賃期結束時，從租戶的保證金中清除損壞的費用。但是，應該允許合理的磨損。

16. 如果租戶不交付租金怎麼辦？

如租客因任何原因無法支付租金，而如果你有購買租金保護保險，它可將支付租金的 100%長達 12 個月，但如果你沒有購買任何保險，就需要向租客追究或告上法庭。

17. 如租客不支付租金，也不願意完結租約，該怎辦？

如租客拒絕離開物業，則必須採取法律行動。如果購買租金保險涵蓋可包含法律費用，包括由租戶開始入住您的物業，所產生的任何法律費用，包括所拖欠的租金，或租客在租賃協議結束時，未能騰出房舍）。但如果你沒有購買保險，你需自行支付法律費用。

18. 什麼是出租權（Right to rent）？

確保該租客是否有合法權租英國的物業，尤其租客是否有合法的居留權。於 2016 年在英國推出，所以在租給任何租客之前需要審核他們。

19. 如租客搬走後發覺沒交任何水電媒費，業主需支付嗎？

業主只需要向該水電煤氣供應商通知該租客已經撤走，及證明該租客是在該地址住的。業主就不需承擔這些費用，供應商會自行向該租客追討。可是，如果業主及租客並沒有簽署任何租約證明，那麼供應商有權向業主追討。

家居小知識煙霧警報器

1. 煙霧報警器（Smoke Alarm）

煙霧報警器是結合了檢測火災（煙霧探測器）和發出警告（警報）的裝置。通常安裝在天花板上，大概有一隻手掌的大小。當警報器發出警報時，會發出非常響亮的蜂鳴聲。煙霧警報器主要是可以檢測到火災初期階段，給你那些珍貴分鐘，使您和您的家人安全離開你的房子。

市面上的警報器可分以下幾類：

a. Ionisation：最便宜的警報器。透過煙霧中的微小粒子來判斷是否需要警報。它對燃燒中的紙張和木材產生的煙霧是非常敏感，當煙霧變得太厚之前會檢測到這一類火災。如果安裝在廚房或太靠近廚房就會顯得太過敏感。

b. Optical：更昂貴，但更有效檢測較大型的「緩慢燃燒」的火災，如過熱 PVC 佈線產生的煙霧顆粒。可是對快燃燒的大火不太敏感。建議可以安在廚房附近（不能在廚房裏），因為它對於煮食的煙霧相對沒有那麼敏感。

c. Heat Alarm：不會對煙霧作出任何檢驗，只是檢測溫度的升高。因此，它們可以安裝在廚房，但覆蓋房間的面積較小，所以一個大的廚房有可能需要安裝多於一個的 Heat Alarm（溫度警報器）。

d. Combined Optical Smoke and Heat Alarms：將兩種煙霧警報器的特性合併在一起，以減少假警報，同時增加檢測的速度。

e. Combined Smoke and Carbon Monoxide Alarms：在一個天花板上安裝警報器這個警報器是合併煙霧和一氧化碳報警。這可降低成本，和佔用更少的生活空間。

外觀方面，每種類型也非常相似，電源可以用電池或主線供電，或兩者的組合。有些警報器的設定可以連接每間房間，其中一間響起，都可以通報其他的房間。

在一個標準的煙霧警報器，電池將需要每 12 個月進行更換。你可購買裝有密封 10 年電池警報，優點在於你不必每年更換電池。

電源供電器警報必須安裝在所有新建築和主要翻新後，確保所選擇的電源供電的警報有一個後備電池。它們可以是鹼性電池，需要每年更換，或是「再充電池」（可延長警報器的壽命）。主線供電的警報器需要由合資格的電工進行安裝。

警報器也可以配備了遁光。當鬧鈴響起時，指示燈亮起。光可以幫助你看到你的出路。

2. 我該選擇哪一個煙霧報警器？

一般的規律是很容易的：

- 廚房和車庫：heart alarm

- 可安裝上：Ionsiation alarm 或 Combined Optical Smoke and Heat Alarms
- 臥室，客廳和走廊：Optical alarms 或 Combined Smoke and Carbon Monoxide Alarms。

3. 一個房屋需要多少煙霧器？

視乎房屋的狀況。正常來說，應該每間房都有除沖涼浴室之外，因為蒸氣可能觸發警報。

4. 哪裡適合安裝煙霧警報器？

煙霧警報通常安裝到天花板，可選擇使用雙面膠貼，盡可能安裝在房間的最中心，距離任何燈具或牆壁至少 30 厘米（12 英寸）。

5. 煙霧警報器需要定期維修嗎？

按照製造商的説明，煙霧警報器需要很少的維修。建議在一年中，找一些時間測試你的警報器是否還運作。

6. 我在哪裡可以買到煙霧感應器？

我們建議你從一個有信譽的公司購買你的煙霧報警器。

記住！購買和安裝煙霧警報器，並確保它們都經過精心保養，它可以給你在逃生時給你多一些額外分鐘。當然緊記務必定期檢查電池，必要時更換它。

證書的需要

1. 在出租物業有什麼基本法律要遵守？

以下列出的是租務法律的簡要概述，也是法定要求的，必須遵守。業主應了解這些基本要求，因為這些法律能保障業主和租客。這些要求不難實踐，業主應實行這些要求，不可為省錢觸犯法例。

2. 氣體安全（Gas Safety）

如果物業有任何的氣體供應和燃氣用具，這項必須每年檢查一次。這必須由註冊氣體工程師執行。如不遵守這些規定，可能導致起訴和／或監禁，另加 2.5 萬英鎊罰款的可能性。

氣體安全是強制性每年檢查租用住所中的所有燃氣器具。作為業主有責任安排這些檢查。而業主和租客應該擁有一份書面報告關於該設備的狀況。這份安全檢查的記錄需要儲存，並將它們的副本發給新的和現有的租戶。

檢查的工程師必須擁有相關牌照認可。在報告中必須記錄每台設備何時進行檢查以及是否發現並修復了缺陷。這個記錄需要在住客居住 28 天內提供給住戶。在 2018 年檢查費用約 30 至 50 英鎊。

3. 電力安全（Electrical Safety）：

電力安全檢查必須在租務開始之前進行，並由合格人員（廚房和浴室的部分需要 PAT Test 合格電工）進行，以確保電力供應和所有電器合法。這包括在需要安全使用的地方提供說明書。

如果違反電器規格（Electrical Regulations）可能構成刑事犯罪，根據1987年消費者保護法（Consumer Protection Act）規定，一旦被判決最高刑罰是5千英鎊和／或6個月監禁。這意味著業主有法定義務確保所提供的電器設備是安全的。

而在1997年起，電器設備（安全）規例被列為強制性實行，所有在租約期時是使用的電器必須是安全的。不論新或舊或是否固定與否的電器或設備，而確保這些設備安全的唯一方法是由經過培訓的電力工程師來測試，俗稱PAT Test測試。

目前電力安全檢查費用，大致80至150英鎊。

4. 能源性能證書（Energy Performance Certificates，EPC）：

在英國法定要求任何出售或出租的物業都需要有最新的能源效能證書，這證書報告包含甚廣例如諸如保溫，供暖和熱水系統，通風和燃料等因素。

而在英格蘭和威爾士的住宅，平均能效等級為E級（A是能源節能度最高，G最低），這樣意味著為了達到環保節能的要求可見政府對建築能源效率的設定是很高的。但不是很多家庭能夠負擔昂貴的節能裝備，所以透過測試的手段盡可能找出物業節能方針。例如：

- 隔離閣樓，但要讓通風環繞四周；
- 隔熱您的熱水缸和所有管道；

- 如果要更新，請安裝新的高效鍋爐；
- 安裝高品質的雙層玻璃；
- 考慮安裝一個水錶。

5. 租約按金存款計劃（Tenancy Deposit Schemes）：

自2007年起，「租約按金存款計劃」是政府協助「出租房屋」的政策之一，租戶的存款被置於免稅託管賬戶或業主保有保證金的保險計劃內。

政府提出這個建議是因為有很多批評人士指出，很多租客的訂金是由不專業的業主自行保管及處理，導致租客損失，所以政府規管需要在14天內向承租人提供有關資金保護的詳細信息，包括：

- 所選TDS的詳細信息；
- 詳細資料和聯絡點；
- 如何釋放按金；
- 按金的目的；
- 如果有爭議，租客需要做什麼。

在租期結束時，避免利益衝突，房東和房客必須同意什麼是物業合理的磨損，什麼是疏忽性/刻意損壞，什麼是在協議條款下允許的。

如果按金可以交給政府的第三方保管，並存放在安全的銀行賬戶中。如果在租期結束時出現爭議，第三方將保留押金，直到業主/租客或法院同意為止。

按金亦可以交由房東保管，房東再向保險公司支付保費，以保障所收下的按金。

可用的方案是：
爭議服務：www.thedisputeservice.co.uk
存款保護服務：www.depositprotection.com

6. 保險

業主不一定需要購買物業保險，可是如果有貸款，貸款公司通常需要業主購買相關的保險來保障雙方的利益。

保險類型包羅萬有從火災保險、水災保險，到業主資產保險、房東保險等等。每樣收費也不同，建議只需購買相關保障自己的保險為佳，不需要全部都買。在其他的文章我們會一起探討。保險有200 英鎊至 1 千英鎊不等，視乎相關保項。

如果是出租物業，保險公司會注意該物業的地區，什麼人居住、物業本身的質素、樓層大細、物料等等來判斷需要保險金錢。

7. 傢俬的規管法規 Furniture & Regulations

「消防安全條例」（軟性家具）規定，所有家具（床、沙發、椅等）均符合最新的消防條例。確保在出租物業中沒有任何不符合要求的家具。

根據「1987年消費者保護法」，不遵守「家具和家具法規」可能構成刑事犯罪，一經定罪，將被處以5千鎊罰款和/或6個月監禁。

符合這些規定的每件家具都應該有一個長方形的標籤，並且標題為「Carelessness Causes Fire」，如家具是在1988年以前生產的，或者沒有上述標籤，那麼它可能不符合（除了1950年前生產的古董）。

8. 租賃協議 (Tenancy Agreements)

所有出租的物業不論是短租或長租，都需要有業主和租客的協議文件。清晰列明租金，出租時間，規條等等。這樣不但可以減少問題鬥分，並且可以證明誰是處理該物業的賬單。

業主可以自行草稿合約，透過管理公司處理及儲存。

總括來說，出租房屋需要注意的事項，主要是為業主和租客的保障及安全而出發的。不應該為了節省資金或時間，而忽略了需要的文件及程序。

保險須知

1. 房屋保險

保險相信對大部份人來説並不陌生，而在英國業主保險（Landlord insurance）更是一個常用產品。

業主保險（房東保險）是保護房東免受出租物業相關風險的保障。它通常包括建築物和內容保險，但也可以包括房東特有的保險，例如業主責任、租金損失和租戶違約保險等等。

2. 業主保險涵蓋什麼？

不同類型的業主保險可以涵蓋不同的風險：

a. 業主建築物保險（Landlord buildings insurance）：如物業結構損壞或毀壞，它可以承擔修復或重建。

b. 如你的家具和其他物品被盜或損壞，可購買房東內容保險（Landlord contents insurance）。

c. 如租戶未能支付，租戶違約保險（Tenant default insurance）可以在一段時間內代支付你的租金，而業主責任保險（Liability insurance ）則包括由租客或訪客提出的與你的財產有關的傷害或損害的賠償要求。

3. 作為業主需要什麼保險？

你可能會考慮一系列的業主保險，這些保險涵蓋了你或你的建築物的不同風險。這些包括業主責任保險，建築物保險和租金損失保險。重要的是要記住，如果你選擇出租你的房產，傳統的房屋保險政策可能不能全面保護你。為得到保護，你需要專門的房東保險。

4. 以下是一些最受歡迎的保險類型：

a. 業主責任保險（Landlord liability insurance）

業主責任保險將賠償。由於你的財產過失，而導致的租客或訪客所受傷害，或損失索賠的成本。例如，如租客絆了一下電線並提出傷害索賠，這個保險可以幫你支付賠償金或法律費用。

b. 業主樓宇保險（Landlord buildings insurance）

如果被火災、暴風雨、洪水或破壞等事件所破壞或毀壞的話，業主建築物保險可以承擔重建或修理所需金錢（如牆壁、地面、屋頂、固定裝置和配件）的費用。

c. 業主內容保險（Landlord contents insurance）

業主內容保險可以保護出租物業（如家具和家電）中的家居物品免受損壞或被盜，但不會隨著時間的推移逐漸「磨損」（wear and tear）。它不包括你的租戶的財物：你的租客將需要拿出自己的內容保險。

d. 意外傷害保險（Accidental damage insurance）

意外傷害保險可防止自行裝修時發生的事故和家庭事故，如在傢俬上灑酒使它損壞，或在戶外兒童不小心打爛玻璃窗戶等等，但不會涵蓋簡單的磨損。通常不會涵蓋寵物造成的損壞，或物品本身的質量問題。

e. 租金保險的損失（Loss of rent insurance）

如果有某些原因（如火災或洪水）而變得無法居住，使你的物業不能繼續出租收租，而且你的租戶必須遷出，那麼失去的租金，保險將涵蓋你所損失的收入。這種保險不會保護你的租戶違約，因為租戶違約是屬於「租戶違約保險」承擔的風險。

f. 租戶保險（Tenant default insurance）

如租戶至少連續兩個月沒有付款，租金保險可支付最多 12 個月的租金。只要在租約開始時已經對租客進行信用檢查和背景調查，你可以將租戶保障添加到你的房東保單中。

g. 空置物業保險（Unoccupied property insurance）

空置物業保險即使在空置時也可以保護你的出租物業，例如在租戶搬入或搬出之前。 當你的房子是空的，你可能需要做些事情，例如定期檢查房屋。

h. 業主房屋緊急保險（Landlord home emergency insurance）

如果你的房產的管道、排水、供暖或電力供應失敗，或者如果你的門窗損壞危及你的物業的安全，那麼在你的業主保險單中添加房屋急救保險可為你提供 24/7 全天候的幫助。在問題得到解決的同時，還可以支付租戶的替代住宿費用。

i. 業主法律費用保險（Landlord legal expenses insurance）

業主法律費用保險通常可以支付高達 5 萬英鎊的法律費用，並且可以 24/7 提供法律幫助熱線，這意味著只要你需要，你就可以擁有一名物業法律專家。如果你發現自己面臨高額的法律費用，例如你到法院去追討租金拖欠或需要法律援助來驅逐惹麻煩的租戶，那麼這個保障將提供保護。

5. 業主保險是法律規定嗎？

沒有法定規範一定要有業主保險。然而，傳統的業主保險政策的目的不是為了保障租務房屋，所以通常貸款公司也會要求不同政策的保險來保障。另外，要注意：如果需要出租房子，你需要通知貸款人和擁有書面的許可。

6. 業主保險和家庭保險？

當涉及到出租財產保險，找出你需要什麼保險可能看起來棘手。一般來說，傳統的業主保險政策對於房東來說是不夠的。家庭保險不包括你的租賃活動，所以對於房東來說，專門的保險通常是必不可少的。

7. 業主保險多少錢？

業主保險的價格沒有一個總則，因為是基於多種原因來定需要的付費，例如：你選擇的保障和你需要的保障水平，將明顯影響你的房東保險的費用。

對於建築物，固定裝置和配件及物品保險，你的保障水平取決於重建或重新布置的價值，因此如果這些金額較高，你通常會支付更高的保費。

準確估計這些價值是非常重要的，否則如果你提出索賠，可能不會涵蓋這些價值。

在計算保險費時，保險公司也可以考慮房產所在地，安全措施和租戶的就業狀況。 與所有類型的保險一樣，他們根據你提出索賠的可能性以及任何索賠的可能成本進行計算。

當你購買房東保險時，你應該準確回答所有問題，以便在你提出索賠時予以保障。

8. 什麼因素可以影響房主保險？

以下因素可能會影響你的房主保險：

- 房屋年齡、結構類型、電線、屋頂、車庫等可能會影響你的保險費。舊房子往往要花費更多的保險，這些費用可能會有所不同，取決於你的房屋是磚、框架、石頭或合成壁板。
- 地點：你房屋的所在地可以改變你的保險費。例如，如果你的房屋靠近消防局，你的家庭保險費率可能會受到影響（會比一般的貴）；暴露於極端天氣，如颶風、龍捲風或地震；或者附近是容易盜竊的地方。
- 防護設備：防盜報警系統、煙霧探測器、滅火器、噴水滅火系統和死鎖，可降低你的房主保險費。
- 個人因素：你做什麼也可以影響你的房主保險費。例如：吸煙者可能比非吸煙者支付更多的家庭保險。良好的信用記錄也可以降低你為家庭保險支付的費用。

- 索賠歷史：如果你有業主保險索賠的歷史，你可以支付更高的保險費。

9. 我需要什麼樣的業主保險？

你的業主房屋保險金額應以房屋重建價值為準，而你的房東內容保險則以房屋重置價值為基礎。大多數保險公司為其他保險類型提供標準保險限額，如租戶違約和法律費用。

10. 你需要什麼種類的建築保險（Buildings insurance）？

要投保什麼類型的建築保險，是需要估計你的物業的重建價值。這與市場價值不同：從頭開始重建物業需要多少成本，包括人力和物力。如果你不確定這件事，你可以聘請一名驗樓師。

11. 你需要多少內容保險（Contents insurance）？

你的內容保險金額應該基於你提供給租戶的所有家具，電器和其他物品進行更換所花費的費用。這可能包括像雪櫃、電視和沙發的東西。請注意：金額不包括屬於你的租戶的東西，因為他們需要分開保險。

盡可能準確地估計這些價值並獲得足夠保險非常重要，否則如果你提出索賠，你可能不會被覆蓋。 如果你的保險公司認為你的保險金額不足，你的保險公司可以申請「平均」金額，這意味著他們可以根據你的保險金額減少向你支付的金額。例如，如果他們認為你的保險金額不足 25%，他們可以將任何索賠支付減少 25%。

12. 什麼是業主內容保險？

業主內容保險是可以支付，維修或更換出租物業中的家居用品，如果他們損壞或摧毀。它通常包括軟裝飾品，家具和屬於地主的東西。

如果你租用你的房屋或部分家具，或者如果你向租戶提供家電或其他物品，你可能需要為這些房東內容保險提供保險。你可以購買業主內容保險，作為房屋保險的一部分，包括其他重要的保險，如房屋保險，租戶違約保險，法律開支保險和財產責任保險。

13. 業主需要內容保險嗎？

如果房東向住戶提供家具或其他物品，並希望確保它們免受損壞或盜竊，業主一般都需要物品保險。這意味投保人（房客或房東）要定時向保險公司更新「內容保險」內的清單。

如果你出租一個帶有家具的房屋，並且為租戶提供沙發，餐桌和床等類似的東西，那麼你可能會認定你需要使用房東內容保險來覆蓋這些物品，以防這些物品被盜，損壞或毀壞。

但是，如果你租用你的部分家具或者你提供了基本的家具，你也可以決定是否需要它，因為窗簾和獨立式廚房用具通常包含在內容保險。你也可能會發現，地毯不包括在你的房東樓宇保險，所以你需要房東內容保險來保障他們。

請記住，你只能覆蓋屬於你的物業的東西：如果你的房客想要蓋他們的家具和財產，他們將需要拿出自己的保險單。

投資出租 HMO

HMO（Houses in Multiple Occupation， 或 叫 Houses of Multiple Occupancy），即「多重出租」或「劏房」。對於很多投資者來說，HMO 可以是收入頗可觀的投資項目，但同時亦有隱藏陷阱，本文我們一起來探討：

1. HMO 的定義

a. 同一物業租給 3 名或以上不屬於同一家庭的租客；

b. 租客共用洗手間、浴室和廚房等設備。

以上只是一般定義，如果留意當地政府的條文及規定，它還有很多細節上的解釋。注意不同地區政府有不同簡稱給 HMO，也有不同牌照需求和規劃要求。

這是相當複雜，所以如果你決定投資在 HMO ，筆者建議你首先和本地的相關部門（HMO officer）溝通。這個部門是專責協助業主和發展商確保相關物業，是合乎政府要求及有關法例。

2. 為何 HMO 受投資者歡迎？

- 租金回報較普通物業可高達 3 倍，每間甚至高達 400 鎊。
- 受空置情況的影響較少，就算其中一個租客遷出，也可以靠其他房間的租金以維持收入。
- 欠租時的影響較小，因為也有其他租客支付租金。如果普通物業當遇到欠租時，整個收入就會大大受到影響。

- 在稅務方面，由於所支付的支出較多，在扣稅方面也可以調整。

現在租客普遍需要靈活度較高的租約，經濟實惠物業比較歡迎。現在樓宇面積不斷縮小，但人口卻不斷膨脹，這些都是 HMO 的需求增加。（緊記地點是一個主要因素）

3. 投資 HMO，有風險嗎？

隨著法例要求增加，及規劃的要求提高，令貸款物業更加困難，加上不是每間物業可以改建成為 HMO，這樣 HMO 在市場有限的數量。當普通物業增加時，出租競爭性提高，價格相若之下直接影響 HMO 價格和需求。因為發現普通物業出租的金額已經和 HMO 相約。

HMO 物業價值升幅可能較慢，因為該物業改建成 HMO，將來的出售對象幾乎是專業的投資業主。普通自主用家通常不會購買該物業。

少數出租中介願意管理 HMO 物業，導致管理 HMO 的成本增加，最後甚至要自己去管理。

HMO 的成本價相比其他普通物業較高。因為需要購買許多傢俬，也要確保居住環境安全及防火安全等條例。在貸款按揭，比較困難尋找好的貸款利率條件。

在管理方面對比普通物業比較需要更加小心處理每一租客。畢竟他們同一時間在一間物業對住你有可能發生不同的磨擦。

4. 如何提高回報？

以下是一些建議：

- 使用中介管理，助你省下不少時間
- 在添傢俬或裝修方面，盡可能選擇好一些物料，以便日後維修保養方便及節省開支
- 設定使用水電煤的時間段，以及和電煤供應商簽署長期（通常一年，費用較為便宜）的合約
- 和地區政府合作因為地區政府可能需要房間住宿給予當地有需要的人士，以避免空檔期
- 除咗長租可能考慮短期租約

購買現有 HMO 或是自行改建較好？在市面上有很多現有的 HMO 銷售。價錢各有不同，通常價錢是以租金回報的 8 至 10% 計算。如該物業租金回報每年 2.4 萬，出售的價錢大概 24 至 30 萬英鎊。

好處：

- 確保已經符合市政府要求
- 已有租金證明，在貸款方面比較容易
- 不用為裝修費神

壞處：

- 牌照是跟個人名字所以緊記需要自行申請及轉讓
- 租金需要核實
- 租客可能跟隨之前的業主轉移
- 投資額採用市價

第一次投資，不想太過繁複的話，購買現成的 HMO 可能是較好的選擇。

如投資者較進取，購買物業然後翻新和改建、他的利潤及回報大大提升。真實案例：一間現有的排屋，樓齡約 40 年，擁有 3 房 1 廳 1 廚房，沒地牢但有閣樓。購買價錢需要 10 萬英鎊。改裝成為 6 間房的資金需 6 萬英鎊。總投資額 16 萬英鎊。出租回報為每間房每月 400 英鎊，每年租金收入 2.88 萬。扣除所得的雜費的淨收入約 2 萬。如沒有借貸，回報約 12.5%。

以下是投資程序：

1. 現金購買該物業 10 萬英鎊（有些更加進取的投資者會使用高利息借貸來購買物業，但需要支付利息大致 1% 一個月）
2. 現全裝修該物業 6 萬英鎊
3. 各方面準備完的時侯已經部署租客入住以及銀行借貸。
4. 銀行借貸會以該收入的租約估值該物業價值。以此為例至少物業市值是 2.4 萬
5. 七成按揭能夠貸款大約 17 萬鎊（已經足夠回本金）息口大約 4% 每年支付 6,800 英鎊息口
6. 扣除銀行利息所剩的每年收入 1.32 萬

這樣一來所支付的本金已經在貸款裡取回，以及每年還有租金回報收入，但有幾點還是要注意的：

- 銀行對該這類物業價錢估值有別
- 貸款息口變動

- 存在裝修維修的可能性
- 不能貸款的可能性

總括來說，由零開始自行裝修的風險較大，但回報也相當較大。建議尋找較有經驗的團隊，才進行較高風險的投資。

至於如何尋找適合的 HMO ？以下是一些建議：

- 地區是否有住戶需求
- 是否有政府部門提供租客
- 附近地區將來發展是否會有物業落成，特別是一房單位，使 HMO 的需求量降低
- 附近的房租和劏房的房租是否有相當大的差別。例如一首房租 700 鎊劏房房租 400 鎊、這樣的話劏房需求相當大
- 做好所有金錢上的計算，購買、裝修、借貸、出租率、維修等等
- 計算該區的二手市場銷售機會率，因為除了考慮回報之外也要考慮之後出售問題。

房地產開發

在本章中，筆者會跟大家一起探討如何處理物業改造及發展項目。究竟誰能處理？有什麼法律責任要承擔？如何開始？如何結束？

最重要是：如何從中得到最大利益？以及長遠的發展。

注意，所有投資都有風險，如果不了解請和專業人士商討。

物業調查

購買項目發展的物業，一般會通常以下範圍進行物業調查（Property Research）：

1. 附近物業成交價及近況：

- www.rightmove.co.uk
- www.zoopla.co.uk

2. 以前成交的價錢：

- www.mouseprice.com

3. 在田土廳裏的資料：

- www.gov.uk/search-property-information-land-registry

4. EPC：

- www.epcregister.com

5. 管理公司狀況：

- www.google.com

6. 網線出道：

- www.streetcheck.co.uk

7. 租客的狀況：

- www.streetcheck.co.uk

8. 犯罪率：

- www.police.uk/search/?next=policing:force:pcc:index
- www.streetcheck.co.uk

9. 學校區分：

- www.gov.uk/school-performance-tables
- www.locrating.com

10. 該區份的經濟：

- www.payscale.com/research/UK/Country=United_Kingdom/Salary
- www.streetcheck.co.uk

11. 方位：

- www.gov.uk/search-property-information-land-registry

12. 樓層：

- www.gov.uk/search-property-information-land-registry

常見物業法律上問題

問：律師如何在物業法律方面幫到投資者？

答：物業法律可以好複雜，特別是商業物業租約，如沒有法律方面專業知識，一般很難理解。物業律師會給你解釋合約入面的條款，另外更可幫助投資者避開合約中隱藏陷阱，讓你能夠明白自己所投資的物業風險在哪。

問：在商業租約入面需留意什麼地方？

答：商業租約可以好複雜，其中一樣你的律師應提醒你的是：如何終止合約。

在「終止合約」時，合約上應列明如何提早終結租務，又或者，如果租客想繼續「留低」的話，需明白如何續租該物業。無論如何，切記細心了解，一旦處理不當，你將可能受到不同程度的懲處。

問：是否需要更新物業擁有權？

答：所有的英國物業，理應在地政處已有登記。登記的資料包括：你的個人資料、物業的狀況（如是否有按揭）。你需要確保這些資料更新，你或者可以從政府網站取得最新情報。當然，如遇不明，請向律師查詢。

問：當我出租房間時，有什麼法律事項需留意？

答：

a. 確保你的物業是可以出租（有可能需要和你的大業主，或按揭公司查詢）

b. 你的租金收入是否應該報稅

c. 確保和租客簽署具法律效用的合約

問：假如我在海外地方居住，是否需要交稅？

答：如果你不是英國公民，你也需要報稅。因為你的定位是「海外業主」。

問：如維修物業時有工人受傷，我需不需要負法律責任？

答：這要視乎你是否外判給其他公司處理，裝修公司理應由他們的保險去保障自己的員工。但假如是自己聘請的工人，他們在施工時受傷的話，那麼你就必須確保他們的工作環境安全以及保障。

物業投資策略

「再投資物業」不論是否需要翻新，最終所需要考慮的策略，不外乎以下兩點：

- 以低價購入，再以高價銷售獲利；
- 長線投資，收取租務回報。

視乎你的投資策略，不同物業種類及不同租客，都會有直接影響。

1. 出租回報物業

出租物業每月應有穩定的淨回報收入。隨著時間累積，物業的價值會相應提升。

單一出租（Single let）合約：這種投資形式，既擁有悠久歷史，又有完善的法律保障雙方。同時，單一出租亦是一個非常容易又簡單的投資方式：只要計算出租的租金扣除途中的所需的費用，就可以知道能賺取多少金錢。

a. 好處：

- 容易上手
- 相比起其他出租方法，較易借貸
- 回報較易估計

b. 壞處：

- 回報不及其他租務類型

2. HMO

HMO（House in multiple occupation，請查看第 177 頁），即分割成多個房間獨立租出去（俗稱「劏房」）。對比單一出租的合約，HMO 的回報通常較高。

例如一間四房的屋，單一出租時可能只得 1,000 英鎊的租金回報，但如果以 HMO 形式出租，每間月租 400 磅，那麼投資者每月就可獲得 1,600 英鎊租金回報，比單一出租多賺 600 英鎊。

但對比之下，要付出的資金也提高：

- 業主需多添置傢俬；
- 需包水、電、媒的費用；
- 設施的損耗度會較快；
- 因管理需時，付出的管理費也較高。

不過，建議扣除付出的資金後，回報也是相當高。

a. 好處：

- 比起單一出租的合約的回報更高
- 減低風險（因業主有多間房間出租，就算其中一間房間租不出去，也可以靠其他房間補貼。）

b. 壞處：

- 需要相當高的牌照申請
- 管理上比較複雜
- 按揭批核較為困難一些

3. 學生出租

指學生宿舍，入面設多個房間，並有洗手間或廚房（有點像劏房）。通常學生簽約的時間是可以預測的，他們的租金大多數會一次過支付。但由於越來越多新的物業及學生宿舍興建，故舊式的學生宿舍開始較難租出去。

a. 好處：

- 跟 HMO 一樣，屬高回報項目，但管理需求相對較低
- 投資者能預測租務市場的需求

b. 壞處：

- 不是每個地方都適宜改作學生宿舍之用
- 批文相對較難取得

4. 房屋資助租客（Housing Benefit Tenants）

英國有很多住客是領取政府的資助來租住地方，我們叫這些做「房屋資助租客」(Housing Benefit Tenants）。他們有不同的俗稱，例如：

- DSS
- Local Housing Allowance （LHA）
- Universal Credit （UC）

租客的租金是由政府支付，政府會以市價支付租金，故業主的租金收入較穩定。

不過政府的資金有時會直接給租客（理應直接給中介），於是在處理租金的問題上，可能會出現某種不穩定性。

a. 好處：

- 穩定地高回報
- 市場需求高

b. 壞處

- 需要不同的管理模式
- 需求的地方物業較難升值

5. 民宿

民宿在近年的發展興旺，這是由於短期的民宿能帶給業主相當高的回報。當然業主需要裝修物業，也要有相當的要求。

a. 好處：

- 回報可以非常高
- 不斷更新租客，能使物業保持最佳的狀態
- 不會有「租霸」問題

b. 壞處：

- 投資者需不停找新租客
- 較難取得貸款
- 有些地方不容許改作出租民宿

問：假如我買入物業來炒賣，又如何？

「炒樓」固然可以給你短時間的資金回報，但相對沒有穩定收入。你有可能需要等一段長時間，才能完成物業的交易。記住購買價或裝修費要計算準確，以便在出售後能賺取最高利潤。

a. 好處：

- 賺取一筆過的資金
- 不需為租客煩惱
- 不需為物業將來才要打算

b. 壞處：

- 沒有穩定收入
- 可能需要較長時間才能完成交易

問：那商業物業又如何？

商舖的定義十分廣泛，但不論在什麼時候，商舖都有市場需求，特別是在城市或旅遊區，視乎商舖的類型，它們的價值及租金也相對不同。

a. 好處：

- 如租客不交租，業主可即時通過法律程序「踢走」他們
- 租客通常會長租
- 租客需支付維修費

b. 壞處：

- 「吉舖」的時間可能相對較長
- 按揭較借貸總額低

總括來說，如果想購買物業作炒賣，最好在購買時經已是用低過市價的價錢。在裝修時確保能即時為物業增值。建議可以跟同區的類似單位對對比，例如將兩房變四房的單位，可以值幾多錢。

集資

如何集資興建項目？

不論你已是有經驗的投資發展商，或是投資者，甚至乎業主。市場上已有很多不同的集資方式，來協助你擴展你的投資物業事業。在集資借貸市場，有很多不同的形式，它們是可以很複雜。筆者在以下為讀者逐一講解：

1. 商業抵押貸款

商業貸款（Commercial mortgages）可用作購買商業物業（如商舖、辦公室、貨倉等），幾乎包括所有，除了私人住宅例外。

商業借貸通常用於多間物業作集體借貸，方便處理及減少手續費。如果是小型投資者及第一次購買租務物業，這類貸款未必適合。

2. 拍賣融資

在拍賣會買物業，可以縮短時間完成交易，以及有可能成交一些較便宜的物業。由於時間較短，所以市場上有些借貸公司，是特設借貸計劃給拍賣會的人士作「拍賣融資」（Auction finance）之用，務求幫他們盡快完成交易。

因為拍賣會成交後，通常會在 28 日之內，完成交易需要，所以專門借貸給拍賣會物業的借貸公司，最好預先和他們溝通。此外，也有一些借貸公司願意給你借貸同意書，好使你在拍賣會前，經已確保能夠有足夠資金完成交易。

3. 高息借貸

高息借貸（Bridging finance）通常用作短期借貸作用，特別有助於發展項目時候，需要資金作維修，或將物業快按套現。在維修項目中，使用借貸處理不同的程度狀況是正常。

a. 小型裝修

例如翻新室內的設計及地板、天花板、牆身等，均屬簡單及直接的維修。

b. 大型裝修或重建

需處理內置的長管道設計、電力線路，甚至加建房間及牆身等。由於工程較大，所需的資金營運裝修較多，投資者可考慮以短期高息借貸解決現金周轉的問題。一般情況來說，申請人通常能夠借到該物業裝修後的市值約五至七成。

c. 從地基開始建築

例如買入一塊地皮，重新興建房間，或將一間現有的房間拆掉，重新再起。這個可能需要項目借貸（Development finance），專門針對發展項目而設。通常可以借五至七成的維修成本。

總括來說，投資者用什麼借貸方式，需視乎項目的需求。不過，一個好的貸款計劃，將有助解決日後的流動資金問題。

施工圖

你是否打算改建你的房屋，或加建，甚至重新再起一間新屋？那你應該準備一份「建築平面圖」。

好的建築設計圖，能使你在工程開始前，預見到成品。不論是平面畫，抑或立體顯示。 簡單的設計，可能只需 200 英鎊，所以可能在你購物買工料前，如能夠預計好將來維修後的建築面貌，你就能準確計算所需支出。

如果需要規劃許可的維修，那麼你可能需要不同的規劃設計，提交給相關部門。

大多數的維修項目工程，都需要以下東西：

1. 現有的平面圖

需要仔細準確，需要測量大細。

2. 設計平面圖

指成品將來呈現的面貌。在市政府規劃入面，他們可能要看到某些的設計資料，才能作出批核，例如在房屋加建方面，需列明相關的仔細程度。

3. 立面圖（Elevations）

顯示物業外牆及外牆的佈局，包括窗網或廚房櫥櫃等。

當你確保你的規劃許可證之後，下一步就需要建築規範圖紙（Building regulation drawings），你的建築師理應可給你提供意見（如所需用料在哪處擺放等），因為這是有相當嚴格的規管限制，所以在畫圖紙方面也有不同的要求，例如：

a. 結構圖紙（Structural drawings）

你或許需要聘請一位專業的結構工程師，來查看你的物業，以便計劃所興建的物業是否合乎資格。在設計方面，能夠給你合適的建築材料，以及尺寸、位置等。

b. 電氣圖紙（Electrical drawings）

顯示線路的位置，接駁線路（如天花板的燈位、牆上的電插座位等），這也可以計算所需要電力負荷，以確保將來電力供應沒問題。

c. 管道圖紙（Plumbing and sanitary drawings）

列出所有管道設計（如排水去向等），這將有助你設計洗手間及去水位。

總括來説，如果能夠預先做足準備，並畫好設計的圖紙，能使你日後裝修或申請時，方便一些。

建築法規

如果你自行維修物業，那麼你需要清楚了解建築法規，以及所用的物料是否適合你的工序，以及政府要求。

如果你聘請建築公司處理，那麼他們就需負上部分責任了，但最好在施工前，就確保他們明白到自己應負的責任（緊記你是業主，是最終負責人）。

當然，有些建築項目可免除建築法規，但是基本上大多數都需要處理。例如：

1. 新興建一間物業
2. 加建或改建物業
3. 提供服務：排水管，窗門，熱水處理等等
4. 物業改變用途

以上每項也有特定要求。總括來説，要優先確保安全及健康及使用該物業的人士能安全及健康使用。

可以免除或某部份可免除建築法的物業可能是（請事先諮詢專業人士）：

- 建築物的監管（Buildings controlled under other legislation）
- 物業沒有人使用或不想使用
- 溫室

- 農業建築物（Agricultural buildings）
- 臨時建築物（Temporary buildings）
- 輔助建築物（Ancillary buildings）
- 小型獨立建築

至於建築法規與規劃許可之間，有何分別？

通常在房產的建築或改建項目，需要某程度上的許可，但在規劃或建築法則定義方面的程度，可能並不太過顯著清楚。

建築法則基本上是從設計及興建時確保安全，這包括所有設施及物業外與內部使用時注意的事項。

規劃許可是用作該物業在整體規劃裡，所佔有的位置以及是否融入大方針，以及需求。這個會直接影響物業使用以及如何裝修。

土地及物業用途

在英國法例《The Town and Country Planning (Use Classes) Order 1987》列明，土地及物業有不同的用途（Use classes）。

基本來説，如需改變用途，業主需申請許可資格（Planning permission），某些情況是可以豁免申請許可。

例如A3用途可以轉變成A1用途，而不需要申請許可證明。如果你嘗試將個物業或土地轉讓用途，那麼建議最好和規劃地政處（Local planning authority）諮詢，確認需要許可證明與否。

以下是一些用途例子（緊記這只給本地的規劃地政處作藍圖）：

1. Part A

- A1：商店、零售店、理髮店、旅行和票務代理、郵局、寵物店、三文治店、陳列室、乾洗店、網吧等。
- A2：金融和專業服務。「金融服務」如銀行和建築協會等，而「專業服務」包括房地產和職業介紹所（衛生和醫療服務除外）。
- A3：餐館、小食店和咖啡店，用於銷售食品和飲料在該物業。
- A4：飲酒場所，公共場所、酒吧或其他飲酒場所（但不包括夜總會）。
- A5：熱食和外賣，用於銷售熱食品在該物業外。

2. Part B

- B1：商業辦公室，A2 以外的辦事處。
- B2：一般工業用途，用於 B1 級以外的工業（不包括焚化爐、或危險物品處理）。
- B8：存儲或批發類別包含在室內或露天。

3. Part C

- C1：酒店、寄宿和賓館（不包括旅館和提供保健服務的酒店）。
- C2：護理院、醫院、療養院、寄宿學校、住宿學院、培訓中心。
- C2A：用於提供安全的住宿，包括用作監獄、青少年罪犯機構、拘留中心、安全培訓中心、監護中心、短期拘留中心等。
- C3 ：由 3 個部分組成：

  － a. 涵蓋一個人或一個家庭，用來照顧寄養的子女。

  － b. 在該物業內最多 6 個人，用途例如支持住房計劃，有學習障礙或精神健康問題的人士。

  － c. 允許一群人（最多 6 人）作為一個單獨的家庭共同生活。這允許那些不屬於 C4 HMO 定義但屬於之前的 C3 使用類別的分組被提供，即小型宗教社區可能屬於與該住宿者住在一起的房主。
- C4：Houses in multiple occupation（俗稱劏房），由 3 至 6 個不相關的人共用房屋作住所，並共享基本設施，如廚房、浴室。

4. Part D

- D1：非住宿機構（診所、保健中心、托兒所、學校、美術館、博物館、圖書館、禮堂、教堂、法院、非住宿教育、培訓中心。
- D2：休閒設施（電影院、音樂廳、舞廳、游泳池、健身房、室內或室外運動、娛樂場所。注意舞廳不包括夜總會。

5. Sui Generis

- 某些用途不屬於任何類別，均會被視為「特殊類別」，包括：辦公室、商店、劇院、大型劏房、油站、夜總會、自助洗衣店等。

項目管理

項目管理（Project management）給人的印象，是管理大型的項目處理難題。在事情發生前，能及早防範，在問責時候需要負責。可是在小型項目管理人員也非常發揮它的作用。

這樣包括翻新項目，當然你可以自己管理或外判給專業的項目管理人員處理。

1. 基本的項目管理

項目管理基本需要相關的技術技能，來確保項目最終的成品達到原先的目標。例如使用材料人力物力金錢時間等。項目管理可以涵蓋各行各業，至於在物業項目管理裡，通常是監督工程方面以及在設計管理方面。

在翻新工程中，最主要是管轄所需用的物料，以及採用適當人選處理維修，在一個可行的時間及金錢框架下。

2. 誰可管理項目？

最主要是有實力專業管理相關的項目，大多數的外判專業管理人員收費並不便宜，因此很多維修項目是直接給裝修師傅，而沒有什麼管理工程人員負責監督。

當然有些師傅能夠管理及確保工程進度預期理想進行，但假如裝修以及管理人是同一夥人的話，那麼監管作用就起不到太大的作用。

緊記，好的裝修師傅，並不是最便宜，而是他們在所設定的時間及金錢內能夠完成項目。

那麼你可以問你的建築師是否可以當上項目管理人員來監工。特別如果在一些比較複雜的設計，對於興建的物業，建築師能確保建築師傅能與設計的計劃一樣進行。通常管理人員的工資佔工程費用的 10%。

3. 是否每一個項目需要聘請項目專業人士監管？

好的項目管理人士能節省一些金錢及時間，帶給你最大的效益。例如有效益地購買物料、能節省金錢，也可節省時間。在項目維修當中確保沒有重疊的工序，以及不必要的物流。

雖然這個人是有用，但他們通常不會接小型項目（原因是工資不足夠）。

例如項目需要 30 萬英鎊，聘請項目管理人員需要大約 3 萬英鎊。因為項目可能比較龐大複雜，這裡的項目如果有管理人員參與，相信能夠節省時間及金錢。

另一個例子：如某個項目只需 5 千英鎊裝修，相信沒有太多專業的項目管理人員會參與，因為只得 500 英鎊的人工，所節省的金錢及時間不會有太大的分別。

一間 6 房的房屋經已用了 9 個月時間嘗試翻新改裝。業主原先是自行管理，但只能完成 50% 工程。業主知道有多方面經已不能自己控制，之後他聘請專業的管理項目人士接手。管理人員隨即更改工程師傅，在短短兩個月整個項目就能夠完成。

這是因為管理人員本身已經有相當的知識，能即時監察之前的師傅做得不妥當的地方，之後再尋找相熟和可靠的師傅完成工程。

因為物業管理人員通常已有一定的班底及人脈網絡，以便他們日後在管理方面能夠得心應手。

4. 是否應該自行管理項目？

有很多成功的案例都是由投資者自己管理物業維修。當然能夠完成工程但也會消耗他們自己的時間。

在時間對比之下，究竟自行管理或給他人管理最能節省時間及金錢？大家都知道：如果將自行管理的時間，用作其他用途的話，可能會幫投資者在其他方面賺到好多錢，那麼為何這些投資者仍然會自行管理物業呢？如果金錢不足或自己有很多空餘時間的話，自行管理也未嘗不好。

但建議如果沒有相當經驗，最好第一次都是尋找管理項目人員代為管理，你可順便在旁學習對方的管理模式，以及應對策略，以便能夠應付下一個項目。

改造工程

在英國，舊樓翻新物業是常見的投資策略之一，因為完工後物業價值及租金會大大提升。

但對於海外投資者而言，這個策略可能有些難度，因為投資者需要有相當的經驗來判斷該物業價值，以及所維修的支出。當出售想賺取利潤時，也要視乎市面上的承接力。然而由於回報甚佳，翻新項目也深受本地及海外歡迎。

給一個簡單例子：

市面上兩房排屋房子價值 10 萬英鎊。如果你以 8 萬英鎊購買，但需要 1.5 萬鎊裝修，那麼你只是比市面上省下 5 千鎊。如想轉售圖利的話，恐怕沒有什麼利潤可以賺取。

相反如果你能確保所投資的物業，在加上計算裝修成本價後，也能夠和市價相差約 15% 以上，那麼就值得投資。

A. 投資者經常提出的問題

1. 如何開始計劃舊樓翻新的物業？

所有翻新的項目，該物業在開始時無疑需要再整理及改進。物業潛力是主要的成敗結構，例如翻新後該物業的租務升值潛力，地區性的發展潛力，以及物業的升值潛力。

除了物業本身的購買價錢，會影響項目的判斷，需要留意裝修的幅度也要非常仔細考慮，因為所有考慮的因素，將涉及金錢直接影響最終的回報效益。

2. 如何尋找物業翻新項目？

由於互聯網資訊發達，很多物業樓盤可以透過不同平台尋找。然而傳統的地產中介是不可取代，因為很多樓盤是透過中介的篩選後，才擺上互聯網供人看。很多樓盤在擺上網前，經已篩選給他們自己喜歡的投資者。

可是在翻新項目，不論哪一種方法尋找物業，項目的潛力是視乎個人判斷。不是每個中介都能夠給你準確的判斷，才介紹項目給你。

所以最好一開始就鎖定自己要的購買目標及類型。特別留意一些比較殘舊或自住的物業，房間數量較多及不同房屋的種類等等。

在篩選物業時，以下是一些常會思考的問題：

- 是否好的地區：是否有好的學校網絡及交通配套？是否跟著繁忙街道或將會發展的地域？
- 泊車是否方便？
- 附近物業是否已經有加建？
- 附近成交價錢及租金回報對比？

還沒有機會親身去該物業，單憑這些基本原則就足夠篩選多數物業。

當決定考察某些物業的時候，由於該物業用於出租投資回報，一開始考察不需花費金錢在室內設計。有些基本原則，可以斷定該物業日後需要處理的事項：

- 是否加添房間或洗手間？
- 廚房大細適合多少人居住？
- 是否有客廳及閣樓可否改造？

其次室內設計及用途：

- 房間數量及大細？
- 每間房間的通道及位置？
- 加建的位置是否有問題？
- 房間裡望出的街景如何？
- 洗手間是否方便？上下層也有？

最後在室外觀察：

- 屋頂是否需要維修？
- 窗門物料：隔音及保暖效果？
- 是否有車房及花園？

隨著這些的仔細觀察，便會構思將來出租之前需要處理的問題。盡可能以一個租客角度觀看物業。

3. 如何評估是否物業結構出現問題？

觀看物業結構是很重要，因為直接影響將來可能需要花費的維修，以及現在該物業價值。

不少人會用自己的肉眼及知識觀察是否該物業結構有問題。可是筆者相信由於翻新項目的物業，大多數是一些較殘舊及年老的物業。應該需要交給專業建築測量師來核實及評估。不應節省幾百英鎊，而不做足功夫以免日後後悔。

通常在結構方面我們會注意如下：

- 屋頂是否有空隙？
- 門窗是否需要更換？
- 在加建部份是否有空隙？
- 牆身是否傾斜？

然而大多數問題可以靠自己肉眼觀看。但如果是使用測量師審核，他們的報告可讓你知道需要裝修的地方，以便計算回報及樓宇價值。

有些測量師，通常只能注意到肉眼所能見的地方，不能探索已經隱蔽的問題，所以這點需留意。報告通常不包估價（除非要求測量師幫該物業評估市面價值）。報告內容通常寫為有什麼地方需即時改進或選擇性改進，根據該改進項目能計算需裝修的大約費用。

4. 需重新鋪電線？

在很多舊的物業電線及電力供應需升級，特別是舊式的電箱、燈掣及插頭。

在一間約 1 千尺的物業，需要重新鋪線，約需 3 千鎊。通常包括移除舊的線路，重新鋪排新的電線以及配件，可能需要一星期的時間完成。

你可以自行觀察是否需要重新舖線，例如：
- 舊的電箱沒有設置斷路器（Circuit breakers）
- 舊款的電制及電視
- 電路物料的採用

5. 潮濕跡象？

你是可以從氣味中得知是否有潮濕，因為黴菌和真菌通常存在，導致產生霉味或蘑菇味。由於存在水份所以在肉眼可以看到潮濕的斑塊，磚頭上有白色的點，甚至在天花板或場邊有灰泥脫落。好好觀察能使我們得知潮濕的來源，並作適當的補救措施。

當解決了潮濕問題，那麼可以開始維修，建議在結構方面檢查及開始。特別留意曾經潮濕的木材，潮濕或乾爽，或需要找專業人士處理，需 1,500 英鎊不等（視乎幅度）。

6. 牆壁或地板的潮濕跡象

潮濕跡象通常會在舊的建築發現，所以不需要擔心，因為它們總是可以解決，但首先需要確定潮濕的地方及來源，一旦發現就想辦法處理，不要置之不理。

在舊的建築或舊的磚塊，可以通過將矽膠注入建築物內部和外部的磚中，來達到防潮效果。對於一個單邊的排屋，這可能要花費 1,800 英鎊，因為通常需要從地面至屋頂的修補。

7. 是否存在結構問題的跡象？

看看物業的牆壁是否有裂縫的跡象，特別是在窗戶和門口周圍。 因為建築物可能已經被移動，原因可能是原來的結構失效導致建築物彎曲、扭曲或擴展，或者由於地面的移動或下沉和起伏。這些是常見的，也是可以維修保養修復。

主要的是要清楚知道結構的問題究竟有多長久，有些要長時間才能糾正。

如果結構問題造成欲動就最麻煩，可能已有顯著的裂縫，在期間不停有灰塵及碎石剝落。甚至如果移除窗門或門框可能促使倒塌危機。故投資者必須盡快找解決方案促使建築物的穩定。

例如使用土壤灌漿修復基礎。維修工程可能好大，最好尋找專業人士，結構出現問題的物業通常價格會受到直接影響。

8. 裂縫：它們是結構還是 Cosmetic 裝飾損壞？

任何裂縫看起來會使令人擔憂，特別在石膏牆和磚石之間。幸好大多時候只是表面層的裝飾剝落，不是什麼特別損壞。如果裂縫處於兩個不同類別的物件之間，例如兩塊瓷磚之間、是瓷磚和窗門框之間等，這些裂縫理應不可能構成結構性的問題，這些就是 cosmetic 裝飾損壞。

結構損害則是如果裂縫長度很長，以及有一定程度的相同圖案， 那麼需要留意。例如由下而上從轉頭與轉頭裂開，原因可能是地面下沉或起伏，這可能需要在牆壁下方做一些支撐工序。

在一些很古老的物業在結構方面，可能非常穩固，因為已經經歷了歷史的考驗，所以如果中途嘗試修補損壞的地方，可能更加令到該物業出現問題。

9. 如何處理門窗問題？

很多時更換窗門，能使該物業的價值提升，因為殘舊的物業通常是單邊玻璃對於保暖及節能甚低。如果能夠使用 PVCu 雙層玻璃不僅可以節能，並提升現代化的觀感。（但是有一些買家喜歡古典式的窗門）

視乎窗門的類型，通常 100 至 200 鎊，就可以完成一個窗門的安裝。在一間普通的三房房屋，大致需要 2 至 3 千英鎊就可以更換全部門窗。

可是有一些門窗是有特色，或許只是需要修補，不需要整個更換，或可節省一些。

10. 如何觀察是否牆身處於好的狀態？

只要細心觀察磚頭是否有損耗（特別在接縫的位置是否需要重新加添接縫添加劑）。牆身的磚表面的情況是否需要修補。

如果牆身有少許裂縫，通常只是裝飾的關係需要修補，但如果裂縫很多以及有一定的程度，那麼則需要檢查是否有結構性的問題。需檢查轉頭與轉頭之間，試看看是否有一些開始離開應當的軌道。

11. 水管道需要更換嗎？

舊式的房屋通常設有一個通用的沖涼房，裡面的設施通常簡陋。如果重新安裝浴缸、花灑頭、儲物櫃等，可能需要800至1,500英鎊不等。如需重新鋪過瓷磚或天花板PVC，那就視乎覆蓋的位置。這些都不是太大問題，假設要額外安裝沖涼房在房屋的其他位置或睡房內，那麼需要考慮到現有的水喉管情況。

極有可能需要抽起地板，才能可以看見水喉管的真實情況，以及重新鋪排。特別注意入水及去水位是否暢順。

12. 煙霧處理係是否運作？

這個是很容易測試的，但要視乎用哪一款煙霧器。

13. 暖氣系統安排是怎樣？

如使用中央暖氣系統，那麼需要檢測他們是如何發熱，以及該系統的年齡。

如需更換舊式的暖氣系統，可能需花高達2千英鎊以上。如果需要維修新款的系統，可能需要1千英鎊。

如果中央暖氣系統輸出，出現不暖的情況，可能需即時更換，或部份維修就可以。

不是每個中央系統是採用煤氣，有些是用電力發熱及熱水。也有一些暖板直接使用電源來發熱。

近來電腦版趨勢較普遍，因為能夠節省能源，安裝成本較低及更換較便宜。通常一間房間只需要一個暖版就足夠。

14. 雨水處理系統

舊式的物業，通常不需要整個雨水系統更新，只需留意是否有阻塞或裂縫。但如果需要整套更換，一間普通房屋通常需要 500 至 600 英鎊。

15. 重新安裝廚房需要嗎？

視乎個人情況及設計，租客只需要足夠使用就可以，但如果自住，想有一個新穎又追上潮流的廚房，那麼可能需要 4 至 5 千英鎊。

16. 屋頂維修？

通常屋頂需要維修是因為發覺有漏水跡象。通常是屋瓦片爆裂或英泥老化剝落、受到破壞，以致不能防止水浸。理應只需要補救相關的地方，而不需要整個屋頂更新。通常只需 100 至 200 鎊，就可以完成小的維修工程。如發覺維修需要的金錢很多，那麼可考慮整個屋頂的磁磚都更新（可考慮整個屋頂重鋪新的瓦片或部份更換），或許更加方便快捷。視乎屋的大細，通常需 2 至 3 千鎊。

B. 其他有機會出現的問題：

1. 需要建築師？

視乎你該物業的翻新工程計劃。如需加建（如溫室），未必需要建築師畫織，只需要一些設計圖表，能給裝修師傅看就可以。但例如一些大型改建項目，那麼建議尋求建築師的意見及服務來處理，例如加建屋頂或重新興建房屋等。

2. 是否每個工程項目需要政府規劃許可？

視乎本地政府部門。最好在他們的網站尋找相關的許可資料，或直接聯絡他們。當你決定物業改建計劃，你需入紙給當地部門有關改建物業的項目，是否能夠通行規劃許可。

3. 為何需要規劃許可？

某些物業改建需拿規劃許可證才可動工，如將物業改建用途。

4. 什麼是建築法規 / 控制？

在物業改建時，特別需要注意建築法規 / 控制，以確保是否達到健康和安全標準，並保護業主和財產。

5. 如何計算翻新 / 建造的成本？

視乎項目大小。最好提供 3 間不同公司格價。在報價表清楚列明工資及所需的物料價錢，清楚列明什麼項目包含在內處理。最好使用固定報價，因為如果用時鐘計算，他們可能會拖慢進度。在支付訂金方面，最好不超過 5 至 10%，其餘資金需要按步驟支付或完成工序時才支付。

6. 我需要聘用項目經理嗎？

好的項目經理能助你確保具成本效益報價，及改造工程進度監管。如果從中有任何問題，可以作出處理及應對情況來解決問題。

7. 我可以從哪裡尋找翻新項目？

- 網上平台
- 地產中介
- 廣告

8. 我是否可以由自己處理所有翻新大小工程？

視乎個人的經驗，以及是否有法律許可的證書來處理相關的項目細節。普通翻新項目如木工、塗油、處理地板及地氈等小型項目，是不需要特別資格。但如果需要處理水電等，那就需要合乎資格的人士處理，以確保安全。

9. 翻新工程需時多久？

視乎項目的大小及金錢運作，選擇維修公司也是個大的因素。

10. 當尋找物業項目時，有什麼注意事項？

嘗試尋找項目時候，確保足夠時間調查，以及確保有相熟的人士，可以幫你在指定區域處理項目。

11. 什麼物業是最好用作翻新項目？

沒有最好的準則，而是你是否能夠將該物業的發展潛力發揮出來。要計劃金錢的用途、如何出售或出租等。

12. 是否需要測量師處理？

視乎物業狀況。測量師可用作評估物業的狀況，及維修需要。

13. 如何為翻新項目做資金準備？

好多方法例如：

- 儲蓄足夠現金
- 使用借貸物業方式
- 私人借貸

14. 我是否需要銷售現有物業，才可進行翻新項目？

視乎個人資金流量

15. 是否有任何政府補助金 / 融資方案可供申請？

視乎什麼政府補助資金申請，它們各自有各自的要求。例如安裝太陽板可能有資助。

16. 在拍賣會上購買物業有風險嗎？

只要做足功夫，就可以避免大多數的陷阱。例如親身觀察物業的情況，甚至尋找測量師陪同。謹慎檢查法律文件和找適當的律師處理。拍賣會當日確保自己的底價。

17. 如購買物業但發覺不如所想，該怎樣做？

你可選擇再次出售，或嘗試選擇原封不動出租。

18. 需要為項目購買保險嗎？

購買保險未嘗不好，特別是一些關於建築物料或建工設施。

19. 如銷售改建項目而賺取利用，是否需要交稅？

如該物業是自住當出售的時候是不必要支付。可是，如果該物業用作翻新用途（即銷售），那麼所得到的利益，就需要繳交稅務，因為這會被視為一盤生意。

20. 改變用途需要申請許可嗎？

需要，最好尋找本地政府資訊。

21. 改建保育物業是否有規限？

保育物業是有很多不同的規限視乎保育的內容，可能是屋頂、外牆、窗框等。最好和本地政府部門溝通。

成為發展商

當你購買物業投資已經試過，也嘗試過舊樓翻新的項目。相信下一步可能想嘗試自己成為發展商。因為所得的利潤遠遠比之前的投資高，但是要準備承擔相當的風險。

比如發展住宅項目為案例，通常會作以下的程序：

1. 購買地皮或建築物

通常沒有政府許可，因為比較便宜得到，但要有把握如何能夠拿到政府許可證，將該物業轉為住宅項目。

2. 申請住宅項目許可證

需要有經驗的團隊以及和政府一向信賴的公司合作。我申請之前理應和政府相關部門諮詢政府部門的看法，特別在各地區的將來發展是如何。政府部門是很樂意一同發展該地區只要和他們的大方向一致的話。申請費用視乎當地政府，通常以單位計算。

3. 當有住宅項目許可證後

有大約 3 年時間可以開始動工，因為如不動工，這個許可證就會過期，便要再一次申請，或許可以延長期限。

你可以選擇自行興建，或將成個項目銷售給其他人來賺取金錢。通常地價會升幅幾倍。除了倫敦以外，通常公寓的地皮價格是以單位（2.5 萬英鎊）或呎價（每呎 40 英鎊）來計算。

4. 當需要興建時

在資金方面，你可以選擇用自己的資金來興建，但大多數建築商都是採用融資方法。它們會找相關的銀行來為這項目發展申請借貸。視乎該項目的大小，以及最終的事蹟，通常會借給建築費約 7 成，如果和銀行有相當關係，就可以借足 100% 的建築成本。當然需要找某些的抵押例如地皮，銀行亦不是一次過支付所有資金。

借貸公司也可能需要你購買一些保險，及需要用某一些的建築商，才可進行借貸建築。

5. 建築商

在建築商方面，視乎項目大小選擇，通常有經驗及規模的建築商當然較昂貴（通常為整個建築費添加 20% 的費用）。如果是改建物業，通常每呎約需 80 至 120 英鎊就能完成。如果是新起物業，大概需要 130 至 180 英鎊一呎，視乎高度及複雜程度。途中最好聘請第三方的監管人士，來確保建築進度及規格。

當完成項目後，需要專業部門來檢修及檢測。最好尋找有信譽及有經驗的公司處理，以便日後方便購買保險，以及如果有什麼問題的時候，可以追討。

6. 完成項目

當完成項目後，除了尋找相關人士檢驗外，還需承辦商購買相對的保險，來確保日後完成後，如果有什麼損失也可以追討。如果你想將你的物業按給銀行，銀行通常會在完工前 6 個月審核該物業的價值，再給借貸的條件及條款給你。建議如果需要向銀行借貸來進行建築，那麼你確保完成後有足夠的資金填補該借貸，否則未必能夠完成項目。

短租管理

許多人認為在短租市場生意難做，但其實只要你明白當中的投資竅門，短租也可以幫你賺錢！

短租基本知識

筆者先跟大家講解一下，管理短租物業的基本知識，以及投資者經常遭遇到的問題：

1. 基本知識

a. 了解當地事項：世界的主要城市在一年四季裡，都會舉辦不同的活動，吸引世界各地的旅客。如能做好市場調查，將有助推廣短租物業。

b. 調理至少入住時間：儘量減少空租期，是短租最重要策略。如能要求租客住上最少三、四天，不但可以節省清潔費，以及吸引比較長住的住客。

c. 確保物業維持良好的保養程度：很多租客預訂房間，都是最後幾天才預約，令你的物業沒有足夠的時間進行保養工作，所以每當租客退房時，確保檢查妥當，如有需要則盡快維修。

d. 了解租客的類型：租客的類型，可以分過境旅遊或探親。不管哪一種都好，宜先了解你的租客，配以合適的市場策略，吸納更多生意。

e. 意料以外的服務：如能做到貼身服務，便會給租客留下好印象，增加重複租住的機會。

2. 短租 Q & A

問：什麼是「短租」？

答：短租是「短期租約」的意思，是一間設備齊全的物業，可出租幾天到六個月。形式可以是開放式公寓，又或者郊外別墅。

問：為何業主會將物業以短租形式出租？

答：原因通常如下：

a. 由於長期外出工作，令物業空置多時，但有時自己又有居住需要，故不能長租給租客；

b. 額外或多餘的物業

c. 物業正在放售，但想善用「空置期」

d. 長租回報欠理想

問：如何選擇短租的中介？

答：選擇短租，中介很重要，因為除了尋找租客，還需確保物業的保養。通常短租中介有以下性質：

a. 尋找租客團隊：在不同途徑尋找合適的租客，以達致最高的入住率；

b. 了解當地需要：中介明白當地語言，了解當地需要，幫助投資者尋找短期租客；

c. 保養團隊：確保物業能定期保養、清潔及維修。

問：如何展現你的物業？

答：不論是你的物業是用作自住或投資，當決定放租時，應考慮出租對象的需求，以便來設計該物業的裝修及設施。短期租客常以設計舒適及地點方便為優先考慮，他們也只會攜少量行李居住。

建議從以下部份的裝修，來突出你的物業：

a. 廚房：應設有雪櫃及冰櫃、洗衣機及乾衣機、微波爐、水煲、多士爐、焗爐、煮食爐、煮食餐具、碗碟，甚至設有洗碗機等。

b. 傢俬：視乎物業大小，傢俬需一定品質，最好以舒適為主，例如：在客廳設沙發、椅桌、食飯桌，睡房設雙人床、衣櫃、梳妝枱等。

c. 沖涼房：優質配件如沖涼液、風筒、垃圾桶、毛巾、儲物櫃，甚至洗手間用具。
d. 臥室：應設衣物櫃及儲物櫃、被單及睡袋。
e. 科技產品：盡可能設電視機及互聯網設施。
f. 其他：吸塵機、燙衫板及燙衫設備；設有不同的説明書及如何使用各類的用具，如：熱水爐、微波爐、煮食爐等。

總括而言，裝修及擺設盡量保持時尚及個人風格，但不需大費周章及大量金錢。計算該地區的入住率及回報率，才去想需要設有什麼傢俬及種類。

問：短租中介如何管理你的物業？

答：無論短租或長租，如果可以交給中介，業主就不用煩惱及處理應該處理的問題。你應站在業主立場，想如何增長該物業的回報，使到業主放心交給中介處理。

例如：
a. 尋找合適的租客
b. 處理合同手續
c. 清潔管理
d. 家具清單管理
e. 維修保養報價及處理
f. 安全測試
g. 廣告宣傳
h. 專業攝影影相
i. 修改圖片
j. 處理鎖匙
k. 租金處理及托管

問：有什麼準備需要？

答：

a. 出租許可：如你的物業有銀行借貸，你需要有銀行租務許可，甚至需要地區政府許可才可出租。如果你的物業是leasehold，則可能需要擁有永久業權許可和該物業管理公司批准，才可出租。

b. 保險：保險能為你的物業和傢俬提供多一重的保障。視乎保障類型及保額，各有不同，但需要和保險公司提出出租的內容。

c. 鎖匙：最好為每間房設一套鎖匙，及多一套後備鎖匙。

d. 簡介書：設有住家簡介書，介紹屋內的傢俬及如何使用家具電器用法。如可以的話，提供附近環境及街道的資訊。

e. 專業清潔：所有物業需乾淨企理，屋內外都需要確保清潔及觀感良好。

f. 基本維修保養：確保所需用品都有適當的維修，如：燈膽、門鎖、地板等。

g. 單據：確保水、電、煤的單據及供應商經已妥當處理。

h. 入住前後清單記錄：需要有一系列清單，記錄每個細節及物件在屋裡。出租記錄要有存底，以便日後追討。

i. 安全文件準備建議：

- 如物業設有煤氣供應，需每年檢驗煤氣；
- 如提供電器用品，需確保該電器用品符合安全規格；
- 建議每 5 年檢查電線設施 ；
- 需提供能源證書；
- 所有傢俬要符合防火規格；
- 煙霧警報器需妥當安裝。

問：出租物業有什麼費用支出？

答：一般來説，在出租時業主和租客簽的合約內，已列明所需要支付的項目。在短租方面業主，通常需要承擔以下費用：

a. 短租中介費
b. 物業管理費及地租
c. 本地政府税
d. 電視牌照費
e. 網絡費
f. 水費、電費、煤費
g. 維修及裝修費
h. 保險費
i. 檢驗費
j. 税務局費

稅務小貼士

建議和你的稅務顧問溝通，但有些基本須知，如下：

- 不要隱瞞稅局
- 尋找有經驗的顧問諮詢
- 存下所有消費單據，以便日後翻查
- 記錄所有出租的時間

3. 其他問題

a. 需要幾多時間才能出租？

視乎季度及地域界限而定，但可以看看周邊的數據來判斷。

b. 估計有什麼租客居住？

相信任何種類租客也有可能，大致上會是遊客及短期居住的租客。

c. 如何確保租客適當處理業主物業？

在確定出租租客之前，嘗試尋找出租租客以往記錄。要求他們提供之前居住的紀錄、甚至要求他們額外支付多些按金。

網上平台管理系統

「渠道管理」（Channel Manager）是個網上平台管理系統，能將你的租務物業資訊，經由中央管理，並即時更新至其他租務平台。能助你處理預約訂單、支付租約、管理客戶溝通及要求。

該管理系統有以下好處：

1. 不用登陸不同租務平台來更新資料及回覆顧客要求。
2. 節省時間以及減少重疊預約的可能性
3. 能夠給團隊有條理的預約情況，做足準備。

許多業主或中介公司都會用這些平台，以便快速處理交易，可是這些平台都需收費。另外，這些平台不能概括所有其他租務平台，故筆者建議投資者要調查好平台所包括的項目及有哪些規限。

投資者最好擁有 5 至 6 個這類平台，以便處理市面上不同的租務平台資訊。

案例分享及常見問題

投資案例分享

案例 1：購買三房排屋改建成劏房

A 先生用 10 萬英鎊，購買了一套 3 房排屋，排屋距離曼徹斯特市中心約 10 分鐘車程。附近住客以社會中、下層人士較多，居住人口以非英國人佔多數。

購入單位後，A 先生將排屋改建成 6 間劏房。每間劏房均設獨立洗手間，改建費用共 6 萬。工程完成後，再扣除雜費（包括空租期、小型維修、管理費等），每月回報約 1,400 元。銀行估值 20 萬，9 個月後再翻看物業，套現 14 萬。利息約需 5%，月供約 600 元。扣除利息後，每月淨回報 800 鎊。又因套現了 14 萬，故資金付出實際只需 2 萬。項目用了約一年半完成，回報約 48%。

初期數字看來十分理想，但由於後來附近不斷興建新住宅。同時，A 先生又遇到各種問題，例如：

- 租客的住屋要求不斷提升
- 空置時間長
- 受政府資助的人士選擇居住較新的劏房
- 租客欠租問題
- 個別租客有精神問題，令其他租戶需要搬遷
- 到第三年開始，很多地方都需要進行維修（如水喉爆裂、天花漏水、窗網被破壞）
- 到重新申請牌照，才發現原先的負責該項目的人士，只申

請了 5 間劏房（而不是 6 間），導致 A 先生的單位不能再申請改建做 6 間劏房。投資項目雖有不錯收益，但他卻明白不能完全依賴負責人士。

案例 2：購買拍賣會上的物業

在拍賣會供人競投的物業，通常已給人預先篩選。筆者認識的一些拍賣行中人，他們推介的一些項目，回報高達 10%。

B 先生在拍賣會上，以 5 萬購入一個物業。可是當物業到手後，卻遇上「租霸」問題。租客開始以不同理由欠租，中介也不知該如何處理。最後，B 先生將「租霸」告上法庭，雙方最終以 3,000 鎊庭外和解。但該租客問題也不是立即可以解決，因為該「租霸」一年後才能搬走。事後，B 先生更需額外另花 2 萬鎊進行裝修。

筆者建議投資者在購入物業前，先了解租客的合約及背景。在合同交換之前，確保律師了解如何處理租客問題，並商訂措施。

案例 3：購買酒吧改建項目

英式酒吧面積通常較大，上層用來居住用途，下層用作經營酒吧（商業用途），更有地牢用作為貯存及處理酒類飲品之用。因英國的營商環境不斷轉變，很多酒吧都經已倒閉，故投資者在市面上，經常可以用很便宜的價錢買酒吧，C先生的故事便是其中一例。

C 先生花了 11 萬購買一間距離曼城市中心約 15 分鐘車程的酒吧。該酒吧經已荒廢了 10 年，預計可改建成 9 間劏房，酒吧的下層可以重新間格做兩間地舖。C 先生打算用 15 萬元作裝修費，然後便可以出租，每年回報約 4 萬元。

可是，當項目完成約一半時，有政府部門突然跟 C 先生説：該物業不能作居住之用！原因是：第一，該物業以往沒有記錄可作住宿之用；第二，收到附近鄰居的投訴；第三，該物業有歷史價值（因為很多鄰居，以前都是該酒吧的常客）。

雖然，政府職員建議 C 先生可以向有關部門入紙申請改建，但他們差不多同時揚言，即使入紙提出申請，理應都不會獲批。之後，C 先生更要跟政府打官司。後來，官司已打了一段時間，雙方也找不到解決方法。政府方面也傳召了不同人士，最終發現需要尋找熟悉相關條例的大公司，跟對方研究如何處理。

雖然到執筆為止，C 先生的官司仍在處理中。但從這宗案例，我們可以學到：

- 不要聘請和政府部門沒有關係的負責人；
- 在項目開始前，最好跟政府部門打好關係；
- 確保項目和附近的鄰居沒有太大的衝突；
- 不要在尚未確定項目發展方向前，便急於借貸。

案例 4：合夥投資地皮

在英國，很多地皮都是被丟空。多方投資者可合夥投資地皮，向政府部門申請改變地皮的用途。所以，很多地產發展商都是由這些地皮入手。將地皮用途改變，再將之賣出，從而賺取利潤。

慣用手法是應用 Optional Agreement 和地主成交，當合夥投資者成功申請後，再全數支付地皮的總數給地主。期間，應採取相關專業人士的意見：如何申請地皮、合夥人金錢處理、風險評估等。

合夥投資的其中一方或許會依賴其他一方去幫忙處理投資事務。被交托的這一方有可能把合夥人的所有資產及持有股份私自轉給「自己人」，然後再用不同形式隱瞞／拖欠原先合夥人的金錢。最終兩方／多方需要法律訴訟，長時間陷入拖欠的狀況。

這個案例説明出面很多機會但是要確保在法律層面上保護自己特別在合夥方面。

海外投資常見問題

按揭問題：

問：海外投資者是否都可以做按揭？

答：可以。

問：按揭買樓通常需經過哪些程序？

答：

a. 跟賣家確認價錢和擬定條款；

b. 向按揭公司了解個人借貸上限；

c. 辦理律師手續；

d. 按揭公司會開始處理按揭資料（需時約 1 至 2 個月），包括：進行驗樓程序、確認申請人還款能力、訂立合同、確認借貸

e. 當律師完成手續後，便會要求有關方面準備金錢；

f. 買家及借貸公司雙方需支付資金到律師的戶口，完成交易；

g. 與此同時，契約上會列明借貸公司為「第一債權人」。

問：按揭利率通常為多少？

答：視乎是否只供利息或利息加本金，通常為 0.5% 之差；本地人可得利息約 2.5 至 3.5%；海外人士比本地利率會再高約 1%。

問：只供利息或利息加本金有何分別？

答：如選擇供本金加利息，通常頭 10 年所供的本金其實沒太大分別，所以投資者如果在 10 年內，打算銷售物業出去，或轉按揭的話，筆者建議只供利息，因息口通常可以節省 0.5 至 1%。

問：需要什麼入息證明？

答：視乎做按揭的物業屬哪類，如物業經已有租約及收入，那麼便可以撥入收入計算在內。另外，個人收入證明，3 個月的糧單，及約年收入 2.5 萬元薪金也是基本的。

問：什麼是按揭經紀？

答：經紀可涵蓋不同借貸的渠道，會提供他們認為最好的方式給申請人。當然他們需要收取約 500 至 1 千鎊的費用。他們理應在借貸的公司也有傭金，所以不需要申請人支付額外費用。

問：為何借貸的申請不獲批？

答：銀行在考慮申請時，會將物業所採用的物料、物業大細等列入考慮；　　申請人收入不能通過壓力測試；地區性；市場大環境因素；同一座大廈經已有多於借貸公司能接受的按揭單位。

案例分享及其他問題：

1. 香港投資者 A 先生持 10 萬英鎊，他不想投資樓花，想在一些回報高的地區買單位，那麼該如何是好？

a. 主要城市中心的物業價值，已高過其要求（除非用按揭）
b. 建議買市中心外區分的物業（離市中心約 15 分鐘車程）
c. 因資金問題，購入物業區份應只能限於中下層人士居住地
d. 回報通常約 4 至 6%
e. 筆者會建議 A 先生購買排屋或以單邊房屋為主
f. 最好不需要裝修，如一定要的話，建議有關費用最多 5 千
g. 通常租客每年收租可達 5 至 8 千英鎊
h. 租客類型通常為住家人士或來自東歐地區的人

2. 一些投資課程教投資者在英國做小型發展商或劏房業主。主辦單位會教他們在一些地方先買入舊樓再翻新成劏房。這些課程通常會強調，投資者需聘團隊及當地人的介紹樓盤，也歡迎前往英國實地考察，約 20 萬英鎊就可以得到 20% 回報。

這些課程並沒有給投資者另一面的看法，特別是如何處理他們當遇到不理想的時候，例如：

a. 貸款申請不獲按揭公司批核時怎辦？
b. 所介紹地方是即使本地人也不會投資推薦的「投資首選」
c. 試過政府不發劏房批文，建議購入前先確保法律文件已備
d. 沒有向投資者提及買賣時所需的費用或可能涉及的裝修費
e. 其實有好的投資地區，通常已被本地買家買下，落入海外買家絕大部份已是次選，建議別只聽單一中介一面之詞

3. 如果持有 100 萬英鎊，該在英國投資什麼項目，並達到 5% 的盈利回報？將來又如何使用「槓桿」擴大物業持有？筆者建議：

a. 分散投資方式：投資不同區分及種類房屋，但如果某個投資項目經已符合所有條件，建議最後連物業的大業權也一起購入；
b. 建議使用「有限公司」，方便將來的稅務安排並擴充事業；
c. 如現金充足，可等待一些「銀主盤」物業；
d. 筆者倒反不太建議項目發展，因需做某些風險調整工作。

4. 投資者如買了樓花，是否可以在完工前賣出去？

視乎發展商和投資者的合同，是否容許發展商在完工前賣出。

5. 如果我所購買物業的地租，每 10 年會加雙倍，是否有問題？

a. 銀行通常不太喜歡處理這類物業的按揭；

b. 銷售方面也可能出現問題，因大多數英國人需用按揭購買；

c. 可嘗試和大業主溝通，商量如何處理地租問題。

6. 我買的物業在處理買賣合約中，律師說外牆有事，誰負責？

a. 視乎該大廈管理公司，是否已開始維修，及是否向該業主要求支付費用；

b. 通常買賣其中一方，需要預先支付一筆資金（當然最好由賣方支付）；

c. 建議最好確保誰支付，及所支付金額多少。緊記確認所支付的金錢是否用作維修用途，以預防日後需要更多資金。

7. 如果已有中介幫我找物業，我是否可再找其他中介處理？

英國多數物業買賣都是獨家給某些中介處理。其他要介入非常困難，因沒傭金可取。解決方法是買方自行另付傭金給其他中介。

8. 在普通投資程序方面，該如何作準備？

a. 選擇自己了解的地方、有信譽公司及信得過的人處理買賣

b. 確保準備充足的資金，尤其要應付未來維修的費用

c. 越高回報自然越高風險。找心水盤時，先給自己回報定位

d. 要清楚買樓目的（炒賣或長線投資）

e. 指租客對象，這點最好交給中介公司處理

書　　名：買英國樓 海外投資免中伏 修訂版
作　　者：葉謙信（資深英國物業代理）
圖片提供：陳啟麟
資料顧問：Alan Chan
責任編輯：麥少明
版面設計：samwong
出　　版：A Money 優財
電　　郵：livepublishing@ymail.com
發　　行：香港聯合書刊物流有限公司
地址　香港新界大埔汀麗路 36 號中華商務印刷大廈 3 字樓
電話　（852）2150 2100
傳真　（852）2407 3062
初版日期：2020 年 7 月
修 訂 版：2020 年 11 月
定　　價：HK$168 / NT$588 / £16.00
國際書號：978-988-74670-1-4
台灣總經銷：貿騰發賣股份有限公司
電　　話：(02) 8227 5988